«Puedes estar o no de acuerdo con Smil, aceptar o desconfiar, pero no deberías ignorarlo». *The Washington Post*

«No hay autor cuyos libros espere con más interés que los de Vaclav Smil. Marco todos sus libros con montones de notas que tomo mientras leo. Incluso cuando no estoy de acuerdo con su punto de vista, aprendo mucho de él [...] siempre refuerza mi pensamiento». Bill Gates, fundador de Microsoft y autor de Cómo evitar un desastre climático

«Siempre merece la pena leer a Smil, autor de más de 40 libros sobre temas científicos y asuntos globales». *Kirkus Reviews*

«Vaclav Smil es un fenómeno que prefiere los hechos a los prejuicios y las modas». Norman Foster, arquitecto y premio Pritzker

«Nadie escribe sobre los grandes temas de nuestro tiempo con más rigor y erudición que Vaclav Smil». Elizabeth Kolbert, autora de *La sexta extinción*, ganador del premio Pulitzer

«Las obras de Vaclav Smil son una sucesión de datos, comparativas y razonamientos eruditos». Ángel Villarino, *El Confidencial*

«Vaclav Smil es más bien un numerista, un erudito con un don para triturar datos complejos con rigor y reducirlos a agradables bocados de información». *Financial Time*

«Un maestro del análisis estadístico». *The Guardian*

«Resulta reconfortante leer a un autor tan impermeable a las modas retóricas y tan deseoso de defender la incertidumbre». Nathaniel Rich, *The New York Times*

«Cualquier libro de Vaclav Smil es soplo de aire fresco y una joya en la librería». David G. Victor, profesor de Política y Estrategia Global en la Universidad de California

«Vaclav Smil es uno de los mejores guías que existen para entender cómo funciona el mundo desde un punto de vista técnico y material». Jean-Baptiste Fressoz, historiador de la ciencia, la tecnología y el medio ambiente y autor de *The Shock of the Anthropocene*

«Este octogenario es uno de los autores más prolíficos de habla inglesa sobre el papel de la energía en el funcionamiento del mundo, con más de 40 libros en su haber. [...] Me avergüenza confesar que descubrí a Smil muy tarde, cuando ya había llegado a conclusiones muy parecidas a las suyas». Jean-Marc Jancovici, experto en energía y autor de *Un mundo sin fin*

«¡Smil es un antídoto contra la estupidez!». David Keith, profesor de Física Aplicada en la Universidad de Harvard

2050. POR QUÉ UN MUNDO SIN EMISIONES ES CASI IMPOSIBLE

Título original: *Halfway Between Kyoto and 2050:*
Zero Carbon Is a Highly Unlikely Outcome

© del texto: Vaclav Smil, 2024
© de la traducción: Ricardo García Herrero, 2024
© de esta edición: Arpa & Alfil Editores, S. L.

Primera edición: noviembre de 2024

ISBN: 978-84-10313-24-8
Depósito legal: B 18390-2024

Diseño de colección: Enric Jardí
Diseño de cubierta: Anna Juvé
Imagen de cubierta: © Juan Moyano
Maquetación: Compaginem Llibres, S. L.
Impresión y encuadernación: CPI Black Print
Impreso en Sant Andreu de la Barca

Este libro está hecho con papel proveniente de Suecia,
el país con la legislación más avanzada del mundo en materia
de gestión forestal. Es un papel con certificación ecológica,
rastreable y de pasta mecánica. Si te interesa la ecología,
visita arpaeditores.com/pages/sostenibilidad para saber más.

Arpa
Manila, 65
08034 Barcelona
arpaeditores.com

Vaclav Smil

2050. POR QUÉ UN MUNDO SIN EMISIONES ES CASI IMPOSIBLE

Traducción de Ricardo García Herrero

arpa

ÍNDICE

PREFACIO

Mi primer artículo sobre el cambio climático a nivel planetario vio la luz hace medio siglo, en una época en la que muy pocas personas se preocupaban por estas cuestiones, y en 1985, cuando publiqué el libro *Carbon Nitrogen Sulfur* sobre la interferencia humana en los grandes ciclos biosféricos, la atención mundial se centraba más bien en la lluvia ácida y el agujero de ozono antártico. Vinieron a continuación otros escritos sobre el mismo tema, y en 1997 di a la imprenta *Cycles of Life*, un nuevo volumen sobre el nexo entre civilización y los mudables ciclos biogeoquímicos. Poco después, la repercusión pública del cambio climático global empezó a transformarse. En lugar de investigaciones imparciales sobre un tema científico tan complejo como fascinante, lo que nos llegaba eran interpretaciones cada vez más polarizadas (a menudo a cargo de *opinadores de salón*) con posturas extremas que iban desde negar la existencia misma del fenómeno (cuya comprensión se remonta a la edad de oro de la física y la química del siglo XIX) hasta afirmar que solo nos quedan diez años antes de que una catástrofe de alcance mundial acabe con nuestra civilización. Ya es hora de corregir el rumbo en una polémica que no conduce a ninguna parte.

Mi contribución a ese esfuerzo se ha concretado en explicaciones básicas y resúmenes concisos de los hechos como parte de varios libros que tratan sobre la energía global y el funcionamiento de la civilización contemporánea (entre ellos, *Energía y civilización. Una historia* y *Cómo funciona el mundo*). Por tanto, este breve texto es una continuación de ese esfuerzo. Y al consistir en un resumen de las realidades fundamentales sobre el asunto, probablemente no será del gusto de todos aquellos en la creencia de que podemos resolver rápidamente el problema descarbonizando el suministro mundial de energía en solo veintisiete años.

En su mayoría, la gente no se da cuenta de que aún no hemos comenzado a reducir el uso de combustibles fósiles y, de hecho, nuestra dependencia de ellos ha aumentado, puesto que ahora quemamos un 50 % más que hace un cuarto de siglo. La transición que se avecina no va simplemente de sustituir un aparato por otro (esto no tiene nada que ver con el engañoso ejemplo de cambiar líneas fijas por teléfonos móviles), sino que requerirá cambios fundamentales en nuestros usos y costumbres a la hora de abastecer, organizar y conservar la civilización que nos acoge. Semejante cambio tiene una magnitud gigantesca (actualmente extraemos más de 10.000 millones de toneladas anuales de carbono fósil) y una naturaleza global (requiere una participación concertada de numerosas partes). Sumadas a la complejidad del proceso (implica no solo adoptar nuevas formas de generar electricidad o calentar las casas, sino también transformar la producción de miles de millones de toneladas de cemento y acero y cientos de millones de toneladas de plásticos y amoníaco, así como idear nuevos motores primarios para todos los medios de transporte), todo ello hace que sea una tarea por fuerza dilatada en el tiempo y de costes más que elevados (pero muy inciertos), cuyo devenir será, en gran medida, impredecible. Considerando todos estos hechos, parece realista concluir que el objetivo de eliminar la combustión de todo carbono fósil en el año 2050 resulta muy poco probable.

INTRODUCCIÓN

Pocas expresiones se han hecho tan comunes durante la primera mitad de la década de 2020 como *transición energética, descarbonización* y *objetivo cero emisiones netas de carbono para 2050,* todos los cuales transmiten el gran objetivo global de eliminar la quema de combustibles fósiles —y las consiguientes emisiones de CO_2— para mediados del siglo XXI y, por tanto, evitar nuevos aumentos indeseables de la temperatura troposférica.[1] Aquí *netas,* el adjetivo que califica a *cero,* tiene en cuenta la posibilidad de seguir dependiendo de algunos insumos fósiles cuyas emisiones se capturarían de la atmósfera y se fijarían, para de esta forma evitar un incremento de

---

[1] El carbono es el componente principal de todos los combustibles fósiles. Su oxidación exotérmica ($C + O_2 \rightarrow CO_2$) libera energía (32,8 mj/kg) y genera dióxido de carbono. Aunque más pesado que el aire, este gas se mezcla rápidamente con la atmósfera, donde persiste durante cientos de años y acaba afectando a la temperatura de la troposfera.

CO_2 antropogénico.[2] A menos que las emisiones puedan disociarse de la quema, suprimir totalmente la dependencia de nuestra civilización moderna respecto a los combustibles fósiles es un objetivo deseable a largo plazo pero que (por muchas razones) no podrá lograrse de manera ni rápida ni económica.

A nivel mundial, el carbón y el petróleo superaron a la madera como principales fuentes de energía justo antes de finales del siglo XIX, y de ahí que durante los últimos ciento veinticinco años hayamos sido una civilización predominantemente alimentada por combustibles fósiles (Smil, 2017). En términos globales nunca vamos a quedarnos del todo sin combustibles fósiles, puesto que permanecerán bajo tierra enormes cantidades de carbón e hidrocarburos después de que dejemos de usarlos, al resultar su extracción demasiado cara. Aunque el mundo de principios de la década de 2020 no corre peligro inminente de quedarse sin combustibles fósiles, a largo plazo habría que sustituirlos incluso en ausencia de cualquier relación con el calentamiento global. Su tratamiento ha hecho posible la civilización moderna, pero su producción, procesamiento y transporte

---

2   Esto implica que se dispondría de métodos de captura de CO_2 eficaces, asequibles y permanentes, capaces de operar a escalas que van desde cientos de millones hasta miles de millones de toneladas. En 2023 había unos cuarenta proyectos relativamente pequeños en funcionamiento que capturaban un total de 45 millones de toneladas aproximadamente en todo el mundo, o algo más del 0,1 % de todas las emisiones anuales derivadas del uso de la energía (AIE, 2023a).

resultan frecuentemente perjudiciales para el medio ambiente, con múltiples impactos diversos que van desde el abandono de tierras a la polución del agua. Su combustión genera no solo CO_2, sino también contaminantes como óxidos de CO, nitrógeno (NO, NO_2) y azufre (SO_2 y SO_3), además de partículas. Su distribución, muy dispar, contribuye a las desigualdades económicas mundiales, y la búsqueda de fuentes estables de combustibles fósiles ha dado lugar a numerosas políticas perjudiciales y ha sido causa de conflictos recurrentes.

Por otro lado, hace ciento cuarenta años que las alternativas sin carbono se están abriendo camino: la primera central hidroeléctrica del mundo empezó a funcionar en 1882, el mismo año que las dos primeras centrales de carbón de Edison. El primer reactor comercial de fisión nuclear entró en servicio en 1956, y para 2022 esos dos modos de generación de electricidad abastecían casi una cuarta parte de la demanda mundial.[3] También la generación geotérmica se remonta a más de un siglo, pero por diferentes razones nunca ha despegado del todo, mientras que la relativa producción a gran escala de biocombustibles (sobre todo etanol derivado de plantas) se ha limitado a Estados Unidos y Brasil. Seguimos siendo una civilización alimentada por combustibles fósiles: basta con este somero repaso para demostrar el alto grado de dependencia que tenemos respecto a ellos y las esca-

---

3 Las estadísticas energéticas tanto mundiales como nacionales pueden consultarse todas en Energy Institute (2023b).

sas probabilidades —cuando no, directamente, la imposibilidad— de encontrar, de aquí a 2050, fuentes de energía para la economía mundial que no contengan
carbono de origen fósil.

EL CARBONO EN LA BIOSFERA

La Tierra es apta para la fotosíntesis y habitable para todo tipo de organismos superiores gracias a la regulación de su temperatura atmosférica que facilitan diferentes *gases traza* de origen natural, sobre todo el dióxido de carbono (CO_2), el metano (CH_4), el óxido nitroso (N_2O) y el ozono (O_3). Sin su presencia, la superficie del planeta permanecería siempre congelada a unos -18 grados Celsius, pero al absorber una pequeña parte de la radiación saliente (infrarroja), los gases traza mantienen la temperatura media de la troposfera a un nivel de entre 15 y 33 grados por encima de lo que habría en su ausencia (NASA, 2023).

No descubrimos nada al afirmar que estos gases traza pueden afectar al clima. Ya en 1861, John Tyndall concluyó que la variación del CO_2 atmosférico «debe producir un cambio en el clima» (Tyndall, 1861). Por su parte, Svante Arrhenius explicó en 1896 que el aumento exponencial del CO_2 provocaría un aumento casi aritmético de las temperaturas de la superficie

FIGURA I

Las emisiones mundiales de CO₂ originadas por la quema de combustibles fósiles se multiplicaron por diecinueve entre 1900 y 2022

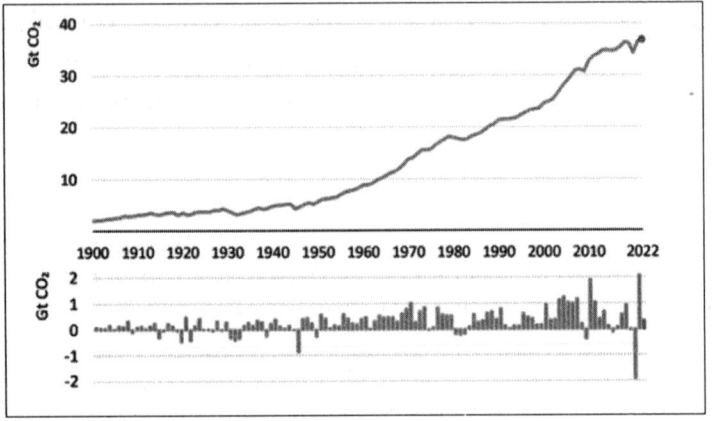

Fuente: Agencia Internacional de la Energía, 2023b: 5

y que la duplicación de los niveles preindustriales de CO₂ podría elevar la temperatura de la Tierra entre cinco y seis grados (Arrhenius, 1896). Y en 1957, Roger Revelle y Hans Suess concluyeron que la civilización se había embarcado en un «experimento geofísico a gran escala de un tipo que no podría haber ocurrido en el pasado ni tampoco reproducirse en el futuro» (Revelle y Suess, 1957). Apenas un año después, científicos estadounidenses empezaron a medir las concentraciones de CO₂ en el observatorio de Mauna Loa (Hawái), y las cifras resultantes pusieron en evidencia su constante aumento año tras año (Global Monitoring Laboratory,

2023). Sorprendentemente, la suma de todas esas evidencias no tuvo ningún efecto sobre nuestros comportamientos o sobre las actuaciones políticas, y solo a partir de 1988 el calentamiento global empezó a recibir una mayor atención pública cuando la Asamblea General de la ONU aprobó la creación del Grupo Intergubernamental de Expertos sobre el Cambio Climático (IPCC, IPCC, 2021).

FIGURA 2

Las concentraciones medias anuales de CO_2 medidas en Mauna Loa mostraron un aumento de un 34 % entre los años 1958 y 2023

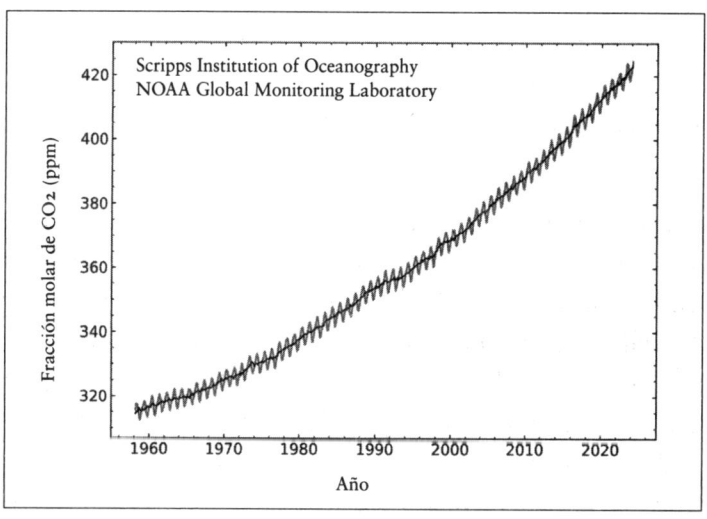

Fuente: Global Monitoring Laboratory, 2023

Algo más adelante, en 1992, se adoptó la Convención Marco de las Naciones Unidas sobre el Cambio Climático o *Convención de Río* (CMNUCC), y en 1995 se creó su órgano decisorio supremo, la Conferencia de las Partes (COP). En 1997 llegó la adopción del Protocolo de Kioto, que compromete a los países firmantes a reducir los gases de efecto invernadero a «un nivel que impida interferencias antropogénicas peligrosas en el sistema climático» (UNFCCC, 2023; Naciones Unidas, 1998). Desde entonces, el aumento de la atención prestada al cambio climático global ha sido exponencial. Hemos aprendido mucho y, aunque sigue habiendo incertidumbres, los hechos básicos resultan indiscutibles.

Los mejores resúmenes disponibles relativos a las emisiones mundiales de CO_2 evidencian que se multiplicaron por diecinueve entre 1900 y 2022, y que este aumento constante se interrumpió (durante un máximo de tres años) menos de veinte veces en el periodo de ciento veintidós años (véase la figura 1, AIE, 2023b).

Los análisis de las muestras de hielo nos indican que los niveles de CO_2 se aproximaban, en volumen, a las 270 partes por millón (ppm) durante la era preindustrial. En 1958 (cuando comenzó el seguimiento desde Mauna Loa) alcanzaban las 313 ppm. En el año 2000 estaban en 370 ppm, y a finales de 2023 alcanzaron las 420 ppm, es decir, más del 50 % por encima del nivel de finales del siglo XVIII (véase la figura 2, Global Monitoring Laboratory, 2023). Obsérvese que el aumento posterior a 1958 ha sido ininterrumpido: las concentraciones medias anuales muestran un aumento constante que continuó incluso durante los años en que las emisiones mundiales de CO_2 habían disminuido temporalmente: incluso en 2020, cuando las restricciones por la pandemia de covid redujeron las emisiones en un 2 %, el nivel de Mauna Loa aumentó en 2,56 ppm. Este aumento (junto con las contribuciones de CH_4 y N_2O) se ha traducido en aproximadamente 1,1 °C de calentamiento global en comparación con la media de finales del siglo XIX. Todos los continentes se han visto afectados. Los recientes aumentos decenales del calentamiento se han mantenido y los ocho años comprendidos entre 2015 y 2022 fueron los más cálidos registrados desde 1850 (Organización Meteorológica Mundial, 2023). Las complejas interacciones de la atmósfera, la hidrosfera y la biosfera, así como los niveles desconocidos de emisiones futuras de gases de efecto invernadero, hacen imposible precisar el grado de calentamiento global que se llegará a experimentar en 2050. Esta breve evaluación no vuelve a abordar ninguna de esas incertidumbres y controversias, que ya han sido ampliamente tratadas. En su lugar, se centra en las realidades, modalidades y probabilidades de llevar a cabo la acción más importante que muchos defienden en estos momentos para mantener el aumento de la temperatura media mundial en un máximo aceptable: suprimir la quema de combustibles fósiles, y en concreto, una descarbonización completa del suministro energético mundial para 2050.

FIGURA 3

Emisiones de CO2 según los escenarios de la Agencia
Internacional de la Energía

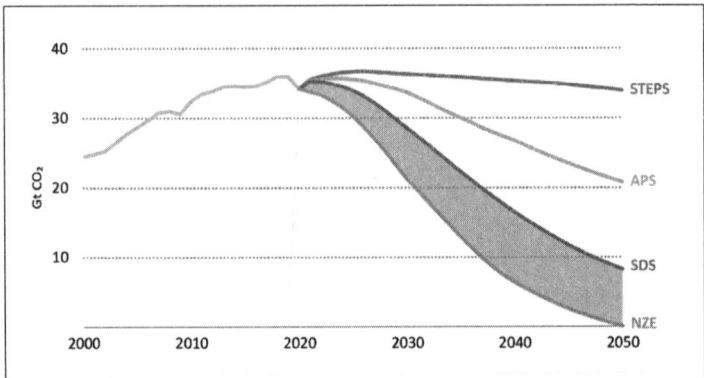

El escenario APS prevé una reducción las emisiones, pero no hasta después de 2030; el EDS va más lejos y más rápido para ajustarse al Acuerdo de París; el NZE pronostica emisiones netas cero para el año 2050.

Nota: STEPS = Escenario de Políticas Declaradas; APS = Escenario de Compromisos Anunciados; SDS = Escenario de Desarrollo Sostenible; NZE = Emisiones Netas Cero para 2050. Tras dos siglos de aumento, la quema de combustibles fósiles experimentará un brusco y pronunciado descenso hasta llegar a cero en 2050.

Fuente: Agencia Internacional de la Energía, 2021a: 33

La génesis de este objetivo se remonta al Acuerdo de París de 2015 (COP 21), en el que se afirmaba que el mundo debía «lograr en la segunda mitad de este siglo un equilibrio entre las emisiones antropogénicas de las fuentes y las absorciones de los sumideros de gases de efecto invernadero» (CMNUCC, 2015). La expresión ya de uso común *cero neto* (esto es, la neutralidad de carbono, la huella de carbono cero o neutralidad climática) se utilizaron por primera vez en el *Informe Especial sobre un calentamiento global de 1,5 °C* publicado por el IPCC en 2018: para limitar el calentamiento a 1,5 °C, las emisiones antropogénicas netas mundiales de CO_2 deben «disminuir en torno a un 45 % respecto a los niveles de 2010 para el año 2030... y alcanzar el cero neto [la neutralidad] en torno a 2050» (IPCC, 2018, véase la figura 3).

2

TRANSICIONES ENERGÉTICAS

El objetivo de alcanzar la neutralidad en las emisiones de CO_2 debe lograrse mediante una transición energética cuya velocidad, escala y condiciones (técnicas, económicas, sociales y políticas) no tienen precedentes históricos. A continuación voy a demostrar por qué completar esa transformación, por muy deseable que resulte, es altamente improbable durante el periodo previsto. Se antoja especialmente claro que para 2030 (en ausencia de una recesión económica mundial prolongada y sin precedentes) el mundo seguirá estando muy lejos de reducir en un 45 % sus emisiones de CO_2 relacionadas con la energía respecto al nivel de 2010: para ello tendríamos que recortar las emisiones en casi 16.000 mi llones de toneladas entre 2023 y 2030. Dicho de otra forma, habría que eliminar una cantidad de carbono de origen fósil equivalente a la suma de emisiones de los dos mayores consumidores de energía: China y Estados Unidos.[4]

Es la combinación de magnitud y velocidad el factor principal que hace que la transición en curso resulte tan gravosa. Por mucho que la miniaturización y la relativa desmaterialización sean dos cualidades admiradas en una sociedad como la nuestra que disfruta de las ventajas de la microelectrónica de estado sólido, en términos agregados siempre va a importar la masa. Cuando, durante el siglo XIX, el mundo empezó a experimentar su primera transición energética, tuvo que sustituir unos 1.500 millones de toneladas de madera, en su mayor parte cortada y quemada localmente, por carbón y, a partir de la década de 1860, también por hidrocarburos (Smil, 2016a). Y así, en el año 2022, el mundo produjo cerca de 8.200 millones de toneladas de carbón, casi 4.500 millones de toneladas de petróleo y 2.800 millones de toneladas de gas natural, todo ello extraído de forma bastante eficiente y en su mayoría concentrado en grandes minas y enormes yacimientos de hidrocarburos situados en los cinco continentes.

Si hablamos de los usos finales de la energía y de sus conversores concretos, la transición en curso pretende

---

4   Este y todos los cálculos siguientes sobre el consumo mundial de energía y las emisiones de carbono se basan en hojas de cálculo disponibles en https://view.officeapps.live.com/op/view.aspx?src=https%3A%2F%2Fwww.energyinst.org%2F_data%2Fassets%2Fexcel_doc%2F0007%2F1055545%2FEI-stats-review-all-data.xlsx&wdOrigin=BROWSELINK.

sustituir más de 4 teravatios (TW) de capacidad de generación de electricidad instalada actualmente en grandes centrales de carbón y gas por otras fuentes que no emitan carbono; sustituir casi 1.500 millones de motores de combustión (gasolina y gasóleo) instalados en vehículos de carretera; cambiar toda la maquinaria agrícola y de procesamiento de cultivos (incluidos unos cincuenta millones de tractores y cien millones de bombas de riego) por otros de propulsión eléctrica o movidos por energías no fósiles; encontrar nuevas fuentes de calor, aire caliente y agua caliente utilizados en una amplia variedad de procesos industriales (desde la fundición de hierro y la fabricación de cemento y vidrio hasta la síntesis química y la conservación de alimentos) que actualmente consumen cerca del 30 % de los combustibles fósiles; sustituir más de quinientos millones de calderas de gas natural que calefactan en la actualidad viviendas y locales industriales, institucionales y comerciales por bombas de calor u otras alternativas; y encontrar nuevas formas de alimentar a los casi 120.000 buques de la flota mercante (graneleros de minerales, cemento, fertilizantes, madera y grano, así como los portacontenedores con capacidad para hasta 24.000 unidades, que ahora funcionan sobre todo con fuelóleo pesado y gasóleo) y a los casi 25.000 reactores de aviones que forman la base del transporte mundial de larga distancia (alimentados con queroseno, Hedges and Company, 2023; Ener8, 2023; CH-Aviation, 2022).

Ya a primera vista, sin necesidad de mayores análisis técnicos o económicos, parece una tarea imposible, dado que:

— solo tenemos una generación (unos veinticinco años) para llevarlo a cabo;
— ni siquiera hemos alcanzado el pico de consumo mundial de carbono de origen fósil;
— el pico no irá seguido de descensos bruscos;
— todavía no hemos puesto en marcha ningún proceso comercial a gran escala con cero emisiones de carbono que consiga fabricar materias esenciales; y
— la electrificación solo ha convertido, a finales de 2022, alrededor del dos por ciento de los vehículos de pasajeros (más de cuarenta millones) a las distintas variedades de coches alimentados por baterías y que la descarbonización aún tiene que afectar al transporte pesado por carretera, al marítimo y a los aviones (AIE, 2023c).

Ninguna de estas realidades va a sorprender a los expertos en historia de la energía, puesto que, como bien sabemos, las transiciones energéticas mundiales siempre se han dilatado en el tiempo. El carbón no superó la combustión mundial de madera hasta 1900, y su cuota de suministro energético no alcanzó su máximo hasta mediados de los años sesenta. Por su parte, el petróleo no superó el 25 % de la totalidad de combustibles fósiles hasta finales de la década de 1950, casi un siglo después de su primera extracción comercial moderna, y el gas natural empezó a aportar más del 25 % del suministro de energía fósil justo antes del final del siglo XX, tras unos ciento treinta años de desarrollo de la industria (Smil, 2016). Pero es que, más de dos siglos después de su inicio, ni siquiera hemos acabado de completar la primera gran transición energética. Cerca de 3.000 millones de personas (en África, Asia monzónica y América Latina) siguen dependiendo —principalmente para cocinar, y algunas también para calentarse— de las energías tradicionales de biomasa: en 2020, la leña (y el carbón vegetal fabricado a partir de ella), la paja y el estiércol seco seguían suministrando alrededor del 5 % de la energía primaria mundial.[5]

FIGURA 4

Puntos de inflexión globales de la Agencia Internacional de la Energía seguidos de una larga y sustancial presencia de los combustibles fósiles en el escenario de las políticas estatales

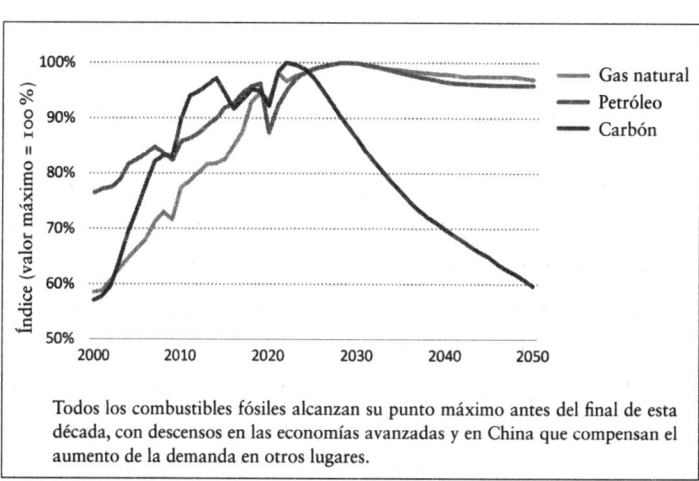

Todos los combustibles fósiles alcanzan su punto máximo antes del final de esta década, con descensos en las economías avanzadas y en China que compensan el aumento de la demanda en otros lugares.

Fuente: Agencia Internacional de la Energía, 2021a: 33

5 Aproximación basada en el consumo mundial anual de 1.900 millones de metros cúbicos de leña (FAO, 2022) y en la suposición de que al menos el 10 % de los residuos de cultivos se utilizan como combustible (Environmental Protection Agency estadounidense, 2023).

El *World Energy Outlook 2023* de la Agencia Internacional de la Energía arroja luz sobre realidades generalmente malinterpretadas y también sobre las consecuencias más probables de la transición en curso. A partir del escenario basado en las políticas nacionales declaradas (es decir, en las políticas ya adoptadas por los distintos Estados para alcanzar los objetivos de descarbonización previstos) llegó a calificarse el resultado de algo «nunca visto hasta ahora» porque se preveía que los tres combustibles fósiles alcanzaran su punto máximo en 2030. El pico de las emisiones de CO_2 relacionadas con el consumo de energía tendría lugar en 2025, y después la demanda de combustibles fósiles disminuiría una media de 3 exajulios al año (EJ/año) hasta 2050 (AIE, 2023d). Quienes se limitaron a leer los reportajes de los medios de comunicación en los que se enumeraban tales cambios y se hacía hincapié en este «punto de inflexión» histórico se quedaron con la impresión de que se iba a producir un cambio asombroso e inminente. Sin embargo, eso sería no entender el proceso en modo alguno, ya que los picos de consumo a gran escala (a nivel mundial y para las naciones más pobladas, aunque no necesariamente para los países pequeños, que pueden cambiar más rápido) van seguidos de largos periodos de declive. De hecho, hubiera bastado con el gráfico adjunto (véase la figura 4) del *World Energy Outlook 2023* para devolver a los consumidores de titulares periodísticos a la cruda realidad.

En 2050 el consumo de carbón seguirá siendo, incluso tras un descenso sin precedentes, tan alto como a principios del siglo XXI; si hablamos de petróleo o gas natural (este último aún no ha alcanzado su punto máximo), su consumo será casi tan alto (>95 %) como en 2030; y a pesar del descenso constante, el uso de combustibles fósiles quedaría en un en torno del 85 % respecto al nivel actual (véase la figura 4). Por tanto, muy lejos de cualquier escenario de neutralidad.

La naturaleza gradual de las transiciones energéticas es una consecuencia inevitable del hecho de que ninguna de ellas se ha basado simplemente en cambiar una fuente de energía por otra. Vamos a considerar una analogía telefónica bien conocida (aunque ya veremos que completamente fuera de lugar): en solo dos o tres décadas, y dependiendo de cómo se defina el proceso, hemos cambiado casi por completo los teléfonos fijos por otros móviles. Así que ¿por qué no deshacernos de los combustibles fósiles en un periodo de tiempo igual de corto? Pero es que utilizar una analogía de este tipo es cometer un grave error de categoría, una falacia lógica que compara (y confunde) un sistema extraordinariamente complejo destinado a garantizar un suministro planetario de energía fiable y asequible para una gran variedad de usos distintos con un solo tipo de grupo de usuarios (más recientemente, la red 5G).

Las redes energéticas de hoy en día presentan una gran complejidad, con una puesta en marcha y gestión que requieren mantenimiento y mejoras constantes. De ahí sus costes considerables. Y, con todo, no son más que una de las muchas partes que componen el sistema energético mundial. Por eso las transiciones energéticas globales resultan complicadas, presentan aspectos muy variados y son, además de lentas de ejecutar, bastante impredecibles en sus detalles. Requieren cambios sistémicos que implican el desarrollo generalizado, la adopción y la ampliación masiva de nuevas técnicas (ya sea la electrólisis del hidrógeno verde a gran escala o la multiplicación de pequeños reactores de fisión modulares). También requieren la construcción de nuevas redes de extracción, procesamiento y distribución (para producir grandes cantidades de materiales básicos, metales, compuestos sintéticos y controles automatizados). Todas esas modificaciones requieren décadas de inversiones constantes e intensas y compromisos políticos que den como resultado mutaciones económicas y sociales importantes.

En el pasado, sustituir las estufas de leña por otras de carbón, las norias hidráulicas y los molinos de viento por máquinas de vapor, los equipos de caballos por motores diésel y las lámparas de petróleo y gas por luces eléctricas exigieron de nuevas infraestructuras extensas y complejas, necesarias para la extracción (minas de carbón, yacimientos de petróleo y gas, presas hidroeléctricas), preparación (clasificación y limpieza del carbón, refinado del petróleo crudo y procesamiento del gas natural), transporte (ferrocarriles, oleoductos, barcos, camiones y líneas de alta tensión) y conversión (máquinas de vapor, turbinas de vapor o de gas, hornos, calderas, turbogeneradores, transformadores y motores eléctricos) de las nuevas formas de energía. La transición no solo requerirá un gran número de turbinas eólicas y paneles fotovoltaicos para generar *electricidad verde*: también la ampliación de las líneas de alta tensión (cables aéreos o bien submarinos, desde los emplazamientos eólicos en el mar) para conducir la electricidad desde los lugares más ventosos o soleados a ciudades y zonas industriales frecuentemente lejanas. Además, a medida que se acelere la nueva transición energética, en paralelo se hará necesario un almacenamiento eléctrico de gran capacidad en forma de baterías (u otros dispositivos mecánicos, térmicos o químicos) lo suficientemente grandes como para hacer frente a la intermitencia de la radiación solar o el impulso del viento; una necesidad, además, que se hará tanto más imperiosa si esas fuentes pasan a ser las dominantes a la hora de generar electricidad, y suponiendo que no se complementen, como ocurre en la actualidad, con la generación nuclear o de combustibles fósiles de apoyo o con el despliegue casi instantáneo de turbinas de gas.

Además, y por lo que se refiere al destino final de esa energía (desde el transporte marítimo pesado y la aviación comercial de larga distancia hasta la industria química dependiente de materias primas de origen fósil), quedan no pocas transiciones pendientes que resultan difíciles de electrificar. Incluso en un mundo descarbonizado seguiremos necesitando grandes cantidades de carbono de origen fósil —sólido y líquido— para pavimentar carreteras (asfalto) o para fabricar lubricantes,

bien sean industriales o de uso doméstico.[6] Producir lo
que he dado en llamar los *cuatro pilares de la civilización moderna* —cemento, hierro primario, plásticos y
amoniaco— depende en la actualidad de los combustibles fósiles, y sustituirlos por otras alternativas requerirá el desarrollo de nuevas industrias a gran escala y redes de distribución que van desde el hidrógeno verde
(fabricado por electrólisis del agua mediante electricidad
verde) y el etanol hasta los nuevos combustibles sintéticos (Smil, 2022a).

Según qué casos, los costes aparejados podrán ali-
viar o agravar los retos de esa complejidad: si las inno-
vaciones más complejas son al tiempo más baratas que
las variantes establecidas, o bien si sus costes más elevados se ven compensados por una mayor calidad, eficiencia y comodidad, entonces puede que las transiciones
avancen con rapidez. Algunos ejemplos son la televisión
en color frente a la de blanco y negro, los motores alter-
nativos frente a los de reacción en los vuelos comerciales de larga distancia, los teléfonos móviles frente a los
fijos o los hornos de gas natural de alta eficiencia frente
a las cocinas de carbón. En su contra, la conversión a
renovables parte con desventajas inherentes, como una
baja densidad de potencia y una mayor intermitencia,
por lo que los costes totales (con un servicio compara-

---

6 El uso anual supera ya los 110 millones de toneladas de asfalto
y los 40 millones de toneladas de lubricantes derivados del refinado del
crudo (Venditti y Fortin, 13 de mayo de 2023; Shah, Woydt y Aragon,
2020).

ble a la disponibilidad y fiabilidad de los conversores de combustibles fósiles) son considerablemente superiores al coste marginal de adquirir e instalar nuevos paneles fotovoltaicos o aerogeneradores (Smil, 2015; Sorensen, 2015).

Aunque ciertamente las diferencias de costes entre los sistemas antiguos y los nuevos se han ido reduciendo, las últimas comparaciones de los costes nivelados (medida de la media neta del coste actual de la generación de la energía de un generador durante su ciclo de vida) de producción de electricidad en Estados Unidos indican que el coste global de la energía solar fotovoltaica (con un factor de capacidad del 28 %) que entre en servicio en 2027 será solamente un 9 % inferior al coste de la turbina de gas de ciclo combinado (factor de capacidad del 85 %), y que la energía eólica terrestre tendrá el mismo coste global. Por su parte, la eólica marina (incluido el almacenamiento en baterías) seguirá siendo más de tres veces más cara (Energy Information Administration de Estados Unidos, 2022). La promesa de la generación nuclear de bajo coste sigue siendo solo eso, una promesa: para 2027 se espera que la generación nuclear avanzada cueste al menos el doble que la de ciclo combinado, los coches eléctricos no subvencionados continuarán siendo más caros que los equivalentes de gasolina y el coste del hidrógeno verde, todavía en sus primeras fases de desarrollo, sigue siendo incierto.[7] De manera que la transición en curso se basa en técnicas que (todavía) no son —de forma convincente y generalizada— más baratas, fiables o eficaces que aquellas a las que sustituyen. Y por añadidura, algunas de ellas (sobre todo, los nuevos reactores y el almacenamiento de electricidad a gran escala) requerirán un desarrollo ulterior muy costoso.[8]

---

7 El aumento de los precios de los vehículos eléctricos ha provocado recientemente una ralentización de las ventas en Estados Unidos y el aplazamiento de la introducción de nuevos modelos (véase McLain y Rattner, 27 de diciembre de 2023; Garsten, 14 de diciembre de 2023).

8 La mejor batería disponible tiene una densidad gravimétrica de 500 vatios-hora por kilogramo (Wh/kg, Amprius, 2023). La gasolina tiene 12.200 Wh/kg, lo que supone una densidad energética 24,4 veces mayor.

3

EL CAMINO RECORRIDO HASTA EL MOMENTO

La forma más obvia de empezar a evaluar el progreso de la necesaria transición energética es fijarse en qué hemos logrado durante la última generación a partir del momento en que la inquietud por la descarbonización del planeta adquirió notoriedad y sentimiento de urgencia. Lo que se comprueba es que, contrariamente a lo que suele pensarse, en modo alguno se ha bajado la huella de carbono, sino todo lo contrario: el mundo se ha vuelto mucho más dependiente de la energía de origen fósil (aunque su cuota relativa haya disminuido un poco). Nos encontramos a mitad de camino entre 1997 (hace veintisiete años), cuando los delegados de casi doscientas naciones se reunieron en Kioto para acordar compromisos destinados a limitar las emisiones de gases de efecto invernadero, y 2050. Por tanto, al mundo le quedan veintisiete años para alcanzar el objetivo de descarbonizar el sistema energético mundial, una brecha trascendental a juzgar por los progresos realizados hasta ahora. O más bien por la falta de ellos.

FIGURA 5

La dependencia mundial de los combustibles fósiles ha seguido
aumentando en el siglo XXI

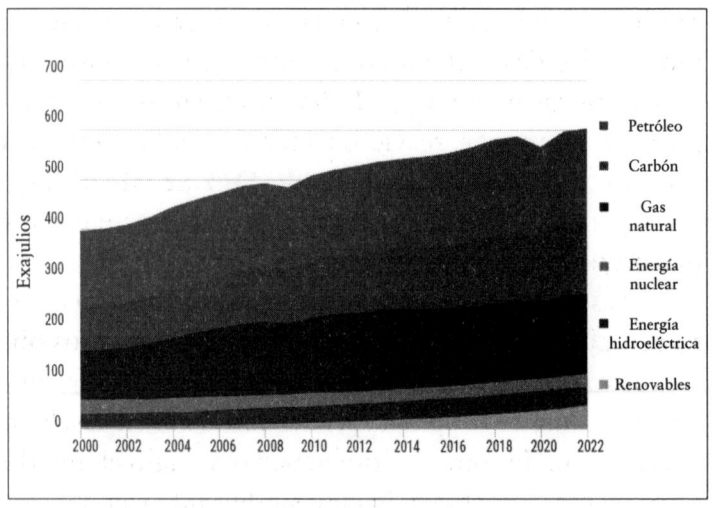

Fuente: Instituto de la Energía, 2023b

Las cifras resultan elocuentes. Lo único que hemos
conseguido a mitad de la gran transición energética pre-
vista para el planeta es un pequeño descenso relativo de
la cuota de los combustibles fósiles en el consumo mundial de energía primaria: de casi el 86 % en 1997, hemos
pasado a cerca del 82 % en 2022. Sin embargo, ese re-
troceso relativo marginal ha ido acompañado de un gran
aumento de la quema de combustibles fósiles en términos absolutos: en 2022, el mundo consumió casi un 55 %
más de energía encapsulada en carbono de origen fósil
que en 1997 (véase la figura 5, Energy Institute, 2023b).

Los recortes absolutos de emisiones que tuvieron lugar en grandes economías como la Unión Europea (-23 %) y Estados Unidos (-9 %) se vieron superados con creces por los enormes aumentos en las dos mayores naciones industrializadas del mundo, China (cuyas emisiones se multiplicaron por 3,3) e India (cuyas emisiones se triplicaron). También se vieron incrementadas entre los productores de hidrocarburos de Oriente Medio (2,3 veces en el caso de Arabia Saudí) y de otros emisores menores.

La conclusión es inequívoca: en 2023, tras un cuarto de siglo de transición energética orientada a esos objetivos concretos, no hubo descarbonización del suministro energético del planeta en términos absolutos. Bien al contrario, durante el último cuarto de siglo el mundo ha aumentado sustancialmente su dependencia del carbono de origen fósil. Se trata de un elemento crucial, pues los cambios en la temperatura atmosférica media global responden a cambios en la carga atmosférica total de gases absorbentes de radiación, no a ningún descenso local o nacional. Entre 1997 y 2022, las emisiones anuales de CO_2 procedentes del sector energético basado en fuentes fósiles (CO_2 procedente de la combustión y el procesamiento de combustibles, el equivalente en CO_2 del CH_4 procedente de la extracción, la quema en antorcha y las fugas de los oleoductos) aumentaron de unos 25.500 millones de toneladas de dióxido de carbono equivalente (CO_2 e) a unos 39.300 millones de toneladas (lo cual representa un aumento del 54 %, Energy Institute, 2023c).

Como resultado de complejos intercambios dentro del ciclo biogeoquímico global del carbono, solo una parte de estas emisiones antropogénicas permanece en la atmósfera. La mayor parte son absorbidas por los mares y la vegetación, lo que se traduce en un aumento de la concentración del gas en el agua de los océanos (y, por tanto, en su acidificación) y en el reverdecimiento de la biosfera (la expansión de la cubierta vegetal). En consecuencia, la carga atmosférica total de CO_2 (incluidas las emisiones de otros sectores) pasó de 2,85 billones de toneladas en 1997 a 3,27 billones de toneladas en el año 2022. Ello corresponde a un aumento de la concentración media del Mauna Loa desde las 364 ppm a casi 420 partes por millón (un aumento de más del 15 %).

4

LO QUE SE NECESITARÍA PARA
INVERTIR LA TENDENCIA PASADA
EN LAS EMISIONES

Dadas estas realidades, y con la mirada puesta en el año 2050, ¿qué posibilidades hay no solo de invertir fuertemente la tendencia pasada e iniciar una descarbonización a nivel planetario, sino incluso de eliminar la generación de carbono procedente de la quema de combustibles fósiles? Después de reducir nuestra dependencia *relativa* de esos combustibles en solamente un 4 % durante la primera mitad del periodo post-Kioto, incluso si no se produjera un nuevo aumento de las emisiones de CO_2 tendríamos que reducirla en un 82 % para 2050. En términos absolutos, eliminar la generación de carbono a partir de la quema de combustibles fósiles supondría recortar las emisiones relacionadas con la energía en una media de 1.450 millones de toneladas al año (frente al aumento medio anual de las emisiones de casi 500 millones de toneladas desde 1995). Eso equivaldría a eliminar cada año el equivalente a dos años de emisiones saudíes, o casi la mitad del total de la India en 2022.

Obviamente, cualquier aplazamiento de estos recortes anuales exigiría como consecuencia mayores reducciones durante los últimos años del periodo restante.

Otra forma bien clara de entender la magnitud tan desalentadora de semejante reto es fijarse en los recortes que tendrían que hacer los países del G20 para cumplir los objetivos intermedios de 2030: por lo que respecta a casi todas las grandes economías, en general significaría reducir a la mitad las emisiones de 2020, con recortes del 45 % para Canadá, el 46 % para Arabia Saudí, el 55 % en el caso de la Unión Europea, el 56 % si hablamos de Estados Unidos o el 63 % para China (McKinsey, 2023). Solo un colapso económico sin precedentes sería capaz de provocar tales recortes durante los próximos siete años.

Tras aumentar nuestra dependencia de los combustibles fósiles en casi 180 exajulios desde 1997, para poner a cero en 2050 el contador de carbono tendríamos que eliminar casi 500 EJ (lo que equivale a unos 12.000 millones de toneladas de petróleo) incluso si no se produjeran nuevos aumentos del consumo. Además, las energías descarbonizadas tendrían que sustituir no solo a la totalidad de los combustibles actuales contaminantes, sino cubrir igualmente todo el aumento adicional del consumo mundial de energía previsto para 2050. Como se puede esperar, las previsiones a largo plazo difieren, pero la demanda mundial de energía (reducida por una mayor eficiencia de conversión) crecerá al menos entre un 10 % y un 15 % de aquí a 2050.⁹ Por tanto, en un mundo sin carbono, esas necesidades tendrían que satisfacerse mediante una combinación de electricidad generada a partir de fuentes renovables, hidrógeno verde y combustibles ecológicos.

Hay que subrayar el hecho de que la transición energética en curso no va a sustituir el uso actual de combustibles fósiles ni ninguno de sus futuros incrementos por una cantidad equivalente de energías no fósiles. Ello se debe principalmente a que la mayor electrificación del sistema energético mundial basada en flujos renovables aumentará la eficiencia global del uso de la energía, al reducir las pérdidas de conversión (Pahud *et al.*, 2023). Esas reducciones variarán según los casos concretos. Por ejemplo, los vehículos eléctricos ofrecen ganancias de eficiencia especialmente grandes, puesto que pueden recorrer distancias cuatro veces mayores que los de gasolina con una cantidad similar de energía (Singer *et al.*, 2023). En el extremo contrario, no hay todavía perspectivas de electrificar el transporte marítimo intercontinental ni los aviones. Respecto a los procesos industriales, las ganancias de eficiencia derivadas de la electrificación variarían mucho según los casos, por lo que no todos ellos podrían electrificarse. Y si hablamos de las calefacciones, las ganancias serán insignificantes, con una efi-

---

9 Para ver el abanico de hipótesis de previsión, véanse los estudios de la Agencia Internacional de la Energía, la Energy Information Agency de Estados Unidos, ExxonMobil y Det Norske Veritas (DNV).

ciencia del 100 % para la calefacción por resistencia eléctrica frente a la horquilla del 93 % al 99 % presente en las modernas calderas de gas (Lennox, 2024). Por supuesto, las bombas de calor podrían conseguir importantes ganancias de eficiencia, pero su coeficiente de rendimiento tendría que ser relativamente alto para resultar competitivas en costes. La eventual reducción global del consumo energético debida a la electrificación dependerá también de las cuotas (aún desconocidas) que aporten la generación solar, eólica y nuclear, los biocombustibles y el hidrógeno verde. En el caso de la nuclear, solo ha sido eficiente en un 33 % (y no se esperan avances inminentes). Algunos biocombustibles tienen un alto coste energético y un kilogramo de hidrógeno equivale a unos 40 kWh de electricidad, pero su producción por electrólisis del agua necesita unos 50 kWh/kg (Energy Information Administration de Estados Unidos, 2023a; Marouani *et al.*, 2023). Por tanto, se supone que el nuevo sistema energético mundial basado en fuentes no fósiles será en general menos derrochador, pero aún está por ver cuánto menos.

5

LA TAREA PENDIENTE: ELECTRICIDAD E HIDRÓGENO LIBRES DE EMISIONES DE CARBONO

En la actualidad, la energía hidroeléctrica está en el origen de aproximadamente el 15 % de la generación mundial de electricidad, seguida de la fisión nuclear con cerca del 10 % (Instituto de la Energía, 2023b). Las nuevas renovables (eólica y solar) han crecido con rapidez durante las tres últimas décadas y en 2022 alcanzarán una cuota del 12 %, aunque aún por debajo de lo que suman las dos alternativas sin carbono más antiguas. Por otra parte, la electricidad (hidroeléctrica, nuclear, eólica, solar y una pequeña contribución de las centrales geotérmicas) no representa más que el 18 % aproximadamente del consumo mundial de energía primaria, lo que significa que los combustibles fósiles seguían proporcionando alrededor del 82 % del suministro mundial en 2022. Es un dato que sorprende a las personas no familiarizadas con las estadísticas globales en materia de energía. Los interminables anuncios de nuevos parques eólicos y la visión de grandes superficies cubiertas por células fotovoltaicas hacen creer a la mayoría de la gente que hemos avanzado mucho más hacia una completa electrificación renovable.

El alcance final de este esfuerzo por migrar hacia una generación eléctrica libre de carbono dependerá de las contribuciones aún desconocidas de otros métodos de generación y del alcance y métodos de electrificación que se acaben implantando. Tal vez la principal incertidumbre radique en el destino de la fisión: a pesar de décadas prometiéndonos la inminente llegada en masa de minireactores modulares (SMR, de hasta 300 MW) y de anunciarnos que se iba a resucitar la estancada generación de electricidad por fisión nuclear, de los ochenta diseños diferentes, en 2023 no funcionaba ni un solo SMR en ningún lugar de Occidente. Solamente China tiene un prototipo de prueba (OIEA, 2023). Y si hablamos de la energía geotérmica, sus defensores destacan el enorme potencial que alberga, pero también aquí los avances prácticos han sido lentos.

Las necesidades finales de electricidad generada mediante renovables dependerá del alcance de los usos directos e indirectos dados a esa energía. Por ejemplo, si hablamos de transporte, tenemos los casos de Tesla y de Toyota: ¿qué cuota de mercado acabarán demandando los vehículos impulsados por baterías y cuánta los vehículos de pila de combustible (hidrógeno fabricado mediante electrólisis del agua)? Andando el tiempo, y en el camino de esa transición, ¿utilizarán los aviones baterías muy mejoradas (con alta densidad de potencia, aún no disponibles actualmente), quemarán directamente hidrógeno o usarán pilas de combustible para la propulsión eléctrica? Lo que está claro es que la suma total de electricidad libre de emisiones tendrá que ir mucho más allá de la mera sustitución de la generación actual alimentada por combustibles fósiles, que en 2022 fue aproximadamente el 62 % del total de más de 29 cuatrillones de vatios hora (PWh), y ello se debe a que la demanda de electricidad seguirá creciendo: la Agencia Internacional de la Energía prevé un incremento anual del 3,3 % hasta 2050, lo que multiplicaría por casi 2,5 el total de 2022, hasta algo más de 72 PWh (AIE, 2022).

Incluso si la energía hidráulica y la nuclear cubrieran el 20 % de ese total, la eólica y la solar tendrían que alcanzar unos 58 PWh en 2050, unas diecisiete veces su producción de 2022 y casi exactamente el doble de la generación de electricidad de todas las fuentes en 2022. Y además, su intermitencia exigiría importantes inversiones adicionales en almacenamiento a gran escala y líneas de alta tensión para garantizar un suministro ininterrumpido. Esto requeriría un crecimiento anual sostenido de alrededor del 10,5 %, una tasa que parece bastante manejable en comparación con el crecimiento anual real de alrededor del 29 % para la energía solar y del 15 % para la eólica entre 2012 y 2022, pero será, como en el caso de cualquier crecimiento a largo plazo, más difícil de sostener a medida que los totales anuales absolutos se conviertan en un número de magnitud superior.

Además de la electrificación ya en marcha (turismos, calefacción, algunos procesos industriales), se hará necesaria la generación de grandes cantidades de energía libre de carbono para electrificar, en la mayor medida posible, todas aquellas industrias que ahora dependen del carbón, el petróleo y el gas. Mientras que la expansión de la generación eólica y solar se basa en la ampliación de técnicas de conversión maduras y bien conocidas, la descarbonización de numerosos procesos industriales requerirá el desarrollo de nuevas técnicas, primero con prototipos de prueba y después con el despliegue comercial por todo el mundo. Dos ejemplos clave nos ilustran sobre los retos de estos esfuerzos sin precedentes. El primero de ellos es el acero, ahora y en el futuro el metal dominante de la civilización moderna, indispensable para todas las infraestructuras, la vivienda, el transporte, la agricultura y la producción industrial (Smil, 2016b). Aproximadamente el 30 % del acero mundial se fabrica reciclando chatarra: esto se lleva a cabo en hornos de arco eléctrico (EAF) y, por lo tanto, se trata de un proceso potencialmente impulsado por electricidad cien por cien verde. Pero el 70 % del acero mundial procede de hornos básicos de oxígeno (BOF) que utilizan hierro fundido (arrabio) en altos hornos (BF) alimentados con coque (hecho de carbón de coque), polvo de carbón y gas natural. En 2022, la producción de este acero primario BF-BOF alcanzó los 1.400 millones de toneladas. Las previsiones apuntan a que en 2050 se necesitarán no menos de 2.600 millones de toneladas de este metal. Incluso elevando la cuota de acero EAF al 35 %, la demanda requeriría aproximadamente 1.700 millones de toneladas de hierro verde (World Steel Association, 2023; ArcelorMittal, 2023). En lugar de reducir los minerales de hierro con carbono (y emitir CO_2), en un mundo sin carbono tendríamos que reducirlos con hidrógeno ($Fe\ O_23 + 3H\ 2 \rightarrow 2Fe + 3H_2\ O$). La implicación de este hecho es que en 2050 la producción anual de 1.700 millones de toneladas de acero verde necesitaría unos 91 millones de toneladas de hidrógeno verde (véase la figura 6).

FIGURA 6

Producción primaria de hierro verde

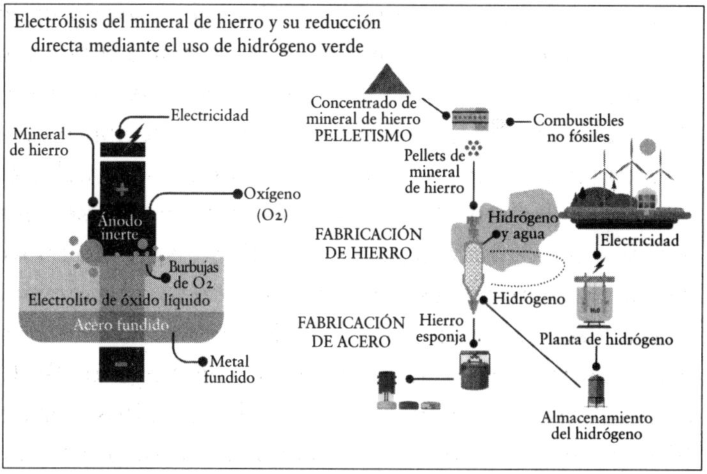

Electrólisis del mineral de hierro y su reducción directa mediante el uso de hidrógeno verde

Nota: Instalaciones como esta, inexistentes en 2023, deberían producir más de 1.500 millones de toneladas de metal en 2050.

Fuente: Iberdrola, sin fecha

En segundo lugar, el amoniaco, un producto más importante si cabe: cerca del 85 % de su producción anual se destina a la elaboración de fertilizantes nitrogenados sintéticos, cuyas aplicaciones en todo tipo de ámbitos hacen posible la vida de aproximadamente la mitad de la población mundial (Smil, 2022a). En la actualidad, el amoniaco se sintetiza con nitrógeno tomado del aire e hidrógeno producido mediante una reacción de desplazamiento a partir de gas natural, carbón e hidrocarburos líquidos ($N_2a + 3H_2 \rightarrow 2NH_3$), y menos del 5 % procede de la electrólisis del agua (hidrógeno verde). En 2022, la producción anual de amoniaco alcanzó unos 150 millones de toneladas. Las previsiones apuntan a que en 2050 se necesitarán no menos de 200 millones de toneladas, y sabemos que el proceso Haber-Bosch para la síntesis de amoniaco, libre de carbono de origen fósil, necesitaría unos 44 millones de toneladas de hidrógeno verde en 2050.

La suma de estos dos procesos clave de fabricación —acero y amoniaco— necesitarían en 2050 una capacidad de producción anual de unos 135 millones de toneladas de hidrógeno verde. Pero puede pasar que, dependiendo de las necesidades adicionales en el transporte, la calefacción o la industria (desde la fabricación de vidrio hasta la conservación de alimentos), así como en la generación de electricidad en horas punta, la demanda total de hidrógeno verde llegue fácilmente a los 500 millones de toneladas en esa mitad del siglo XXI. La producción electrolítica de hidrógeno verde necesita unos 50 MWh/tonelada: fabricar 500 millones de toneladas de hidrógeno verde para 2050 requeriría, por tanto, unos 25 PWh de electricidad verde, el total equivalente a aproximadamente el 86 % del uso mundial de electricidad en 2022 (Agencia Internacional de las Energías Renovables,

2023). Repetimos: ¡esta electricidad generada de forma renovable se dedicaría únicamente a la producción de hidrógeno verde! ¿A qué velocidad podemos llegar? En 2023, un estudio de la Agencia Internacional de la Energía estimó que en 2030 la producción mundial de hidrógeno verde podría alcanzar las 38 Mt, pero solo si se completaran todos los proyectos previstos de procesamiento electrolítico (o a partir de combustibles fósiles con captura de carbono, AIE, 2023e).

Ahora bien, la mitad de esta producción potencial depende de proyectos aún en fase de estudio de viabilidad o en las primeras fases de realización, mientras que los proyectos en construcción o que han recibido decisiones definitivas de inversión solo representan el 4 % de todos los anuncios. Los objetivos de producción de HyDeal España son un excelente ejemplo de ese estado de incertidumbre. En 2021, la Agencia Internacional de Energías Renovables (Irena) acogió con satisfacción el anuncio de HyDeal España del «mayor giga-proyecto de hidrógeno renovable del mundo». Luego, en septiembre de 2023, la empresa redujo a más de la mitad su objetivo de capacidad de electrolizadores para 2030, de 7,4 GW a 3,3 GW, al tiempo que anunciaba un nuevo objetivo de producción de 150.000 toneladas de hidrógeno verde para 2031 (Fertiberia, 2022; HyDeal, sin fecha; Biogradlija, 15 de septiembre de 2023). Y además, la etiqueta *giga* hay que ponerla en perspectiva. Una producción anual de 150.000 toneladas de hidrógeno verde bastaría para sintetizar 700.000 toneladas de amoniaco, que suministrarían aproximadamente el 0,65 % del nitrógeno que ahora se aplica cada año a los cultivos del planeta. Calculando a la inversa, eso significa que necesitaríamos más de ciento cincuenta proyectos *giga* del mismo tamaño para cubrir la actual demanda mundial del macronutriente vegetal más importante.

En cuanto al acero ecológico, en el norte de Suecia se está construyendo la primera planta siderúrgica que fundirá mineral de hierro con hidrógeno producido a partir de electricidad renovable. El plan es producir 1 Mt de acero en 2026 y aumentar la producción a 5 Mt en 2030 (Jones, 22 de febrero de 2023). Un montante anual de 1 Mt equivale al 0,07 % de la producción mundial de acero primario de 2022. Para que todo el acero primario (1,7 Gt) sea ecológico en 2050, el mundo tendría que abrir 340 plantas similares a Boden (suponiendo 5 Mt/año cada una) entre 2030 y 2050. Es decir, una cada tres semanas durante ese periodo de veinte años, preferiblemente situadas cerca de plantas verdes de hidrógeno electrolítico y de otras plantas que produzcan hierro peletizado o briquetado sin intervención de combustibles fósiles.

Este ritmo de ampliación de las infraestructuras industriales destinadas a producir hidrógeno y acero ilustra otro factor fundamental que probablemente afectará a la transición energética mundial en curso: cada uno de sus componentes implicará una demanda de materiales sin precedentes, un reto dificultado más si cabe por la mayor intensidad de materiales producidos mediante técnicas novedosas y por el complicado acceso a numerosos recursos esenciales (Smil, 2023a). Las turbinas eólicas son quizá la mejor ilustración de la primera realidad. Mientras que las de gas —los generadores de electricidad dominantes hoy en día— son máquinas muy eficientes (>60 %) y compactas que necesitan menos de 10 toneladas de materiales por MW instalado (y no más de 30 t/MW si se añaden todas las estructuras asociadas), las grandes turbinas eólicas suelen necesitar unas 500 t/MW de materiales (Carrara, Alves Dias, Plazzotta y Pavel, 2020). Predomina el hormigón armado para los cimientos, seguido del acero para las torres, resinas epoxi, balsa y fibras de carbono para las palas, plásticos, cobre, aluminio y cerámica para la góndola y dos metales raros, neodimio y praseodimio, para los imanes permanentes.

Los materiales destinados a la fabricación de vehículos eléctricos encajan en ambas categorías de preocupación. Un coche eléctrico estándar contiene más de cinco veces la cantidad de cobre (80 frente a 15 kg) de un motor de combustión interna. Sustituir los actuales 1.350 millones de vehículos ligeros de gasolina y diésel por otros eléctricos y abastecer el creciente mercado (unos 2.200 millones de unidades para 2050) requeriría casi 150 millones de toneladas adicionales de cobre durante los próximos veintisiete años. Eso equivale a más de siete años de extracción anual de cobre para todos los usos industriales y comerciales del metal (Energy Information Administration estadounidense, 26 de octubre de 2021). Además, la Agencia Internacional de la Energía estima que, en comparación con 2020, la absorción de los vehículos eléctricos en 2040 necesitaría más de cuarenta veces la cantidad de litio que se extrae actualmente, y hasta veinticinco veces la cantidad de grafito, cobalto y níquel (AIE, 2021c). La demanda acumulada de materiales para lograr la descarbonización total en 2050 se ha estimado en unos 5.000 millones de toneladas de acero, casi 1.000 millones de toneladas de aluminio y más de 600 millones de toneladas de cobre (por citar solo los tres mayores). Estas ingentes necesidades de minerales no solo plantean problemas técnicos y financieros, sino también implicaciones medioambientales y políticas (Comisión de Transiciones Energéticas, 2023; Sonter, Maron, Bull, *et al.*, 2023).

FIGURA 7

Disminución de la calidad de los recursos de cobre chilenos entre 1999 y 2016

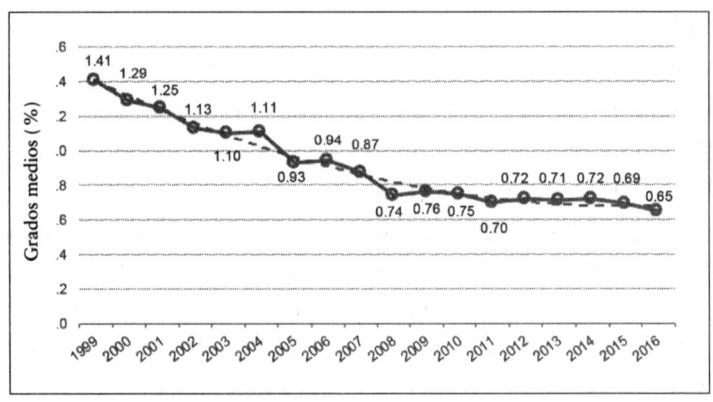

Fuente: Mills, 27 de octubre de 2022

El cobre es un ejemplo asombroso de esas externalidades medioambientales negativas. El contenido metálico de los minerales de cobre explotados en Chile, el país con las principales reservas mundiales, ha disminuido del 1,41 % en 1999 al 0,6 % en 2023, y parece inevitable un progresivo deterioro de su calidad (véase la figura 7, Lazenby, 2018, 19 de noviembre; Jamasmie, 2018, 25 de abril; AIE, 2021c). Tomando como referencia esa riqueza media del 0,6 %, la extracción de 600 millones de toneladas adicionales de metal requeriría el movimiento de tierras, procesamiento y depósito de casi 100.000 millones de toneladas de roca estéril (escombros resultado de la excavación y el procesamiento), lo que supone más o menos el doble de lo que ahora se extrae en todo el mundo, incluida la biomasa cosechada, el conjunto de combustibles fósiles, las menas y los minerales industriales y todos los materiales de construcción a granel.[10] Extraer y verter masas tan enormes de material de desecho tiene un precio energético y medioambiental muy alto, ya que aleja aún más los nuevos usos energéticos supuestamente *verdes* del objetivo de maximizar el reciclaje de materiales. Además, la producción de cobre está dominada por unos pocos países (Chile, Perú, China y Congo), con China refinando ella sola el 40 % del suministro mundial. Este país asiático procesa incluso más de los demás minerales necesarios para la conver-

---

10 Véanse las estimaciones más aproximadas de los flujos mundiales anuales de materiales en Smil (2023a).

sión de energía verde: casi el 60 % del litio, el 65 % del
cobalto y cerca del 90 % de las tierras raras (AIE, 2021d;
Castillo y Purdy, 2022). Ello hace del control de la OPEP
sobre el petróleo (ahora el 40 % de la producción mundial) un asunto relativamente limitado.

Además, cuando distintas naciones, desde Canadá
hasta Alemania, se encuentran con la imposibilidad de
construir suficientes viviendas para su población, resulta obvio que cualquier puesta en marcha acelerada de
proyectos o infraestructuras de energía verde se verá li-
mitada por la escasez de mano de obra experimentada.
Alemania, líder de la Unión Europea en la búsqueda de
lo verde gracias a sus políticas denominadas *Energiewen-
de* (transición energética), ya se está viendo afectada: al
país le hacían falta en 2023 unos 216.000 trabajadores
cualificados para ampliar la energía solar y eólica, mientras que la instalación, ahora obligatoria, de bombas de
calor, necesita otros 80.000 técnicos (KOFA, 2022; Smarter Europe, 2023). Del mismo modo, Estados Unidos se
está encontrando con que la penuria de mano de obra
ralentizará cualquier plan radical que pueda idear para
la transición a las energías verdes (Colman, 27 de febrero de 2023).

6

COSTES, POLÍTICA Y DEMANDA

Actualmente no conocemos ni las magnitudes ni los porcentajes finales de las energías concretas que permitirían hacer realidad un mundo descarbonizado. Tampoco el volumen de inversiones que lo harán posible. Son cifras que no pueden determinarse con décadas de antelación. Se irán aclarando de manera gradual y, en gran medida, impredecible, lo cual, a su vez, hace cuestionable cualquier estimación de costes globales, un cálculo en el que hay que ponderar correctamente las nuevas infraestructuras eólicas y solares cada vez más baratas. Como suele ocurrir con la mayoría de las nuevas técnicas de conversión que se comercializan a gran escala, esos descensos por unidad de capacidad instalada, aunque sustanciales desde el año 2000, no parece que continúen bajando a ritmos similares durante el próximo cuarto de siglo. Y lo que es más importante, esos dos modos de generación energética, renovable y en consecuencia intermitente o variable, necesita de un complemento durante los periodos nocturnos o nubosos, si hablamos de la solar, o bien en momentos de calma o de vientos demasiado fuertes, en el caso de las turbinas eólicas (BloombergNEF, 7 de junio de 2023).[11]

Mientras la solar y la eólica representen una proporción relativamente baja de la producción total de electricidad, esas necesidades se cubrirán fácilmente con la producción de carbón o nuclear de carga base, con turbinas de gas de disponibilidad casi inmediata o mediante importaciones de países vecinos.[12] Pero una vez que esas fuentes intermitentes pasen a ser mayoritarias y todas las turbinas de gas desaparezcan, se harán necesarias líneas de alta capacidad para traer electricidad de regiones más lejanas o bien importantes infraestructuras de almacenamiento continuado. La construcción de las tan necesarias líneas de alta tensión se ha retrasado bastante respecto a las fechas previstas de finalización debido a distintas causas que van desde la fuerte oposición tipo NIMBY (recordemos: Not In My Back

---

11 Para las necesidades de apoyo, véanse Delarue y Morris (2015) y Solomon, Child y Caldera (2017).

12 En 2022, los factores de capacidad de Estados Unidos oscilaban entre más del 90 % para la generación nuclear, el 62 % para el gas natural, el 36 % para la eólica y el 25 % para la solar fotovoltaica (Energy Information Administration estadounidense, 2023b). Dinamarca es un excelente ejemplo de país que equilibra una elevada cuota de generación intermitente (la eólica supuso casi exactamente el 50 % de la generación total en 2021) con importaciones. En 2021, sus importaciones netas de electricidad equivalían aproximadamente al 15 % de la generación nacional (importaciones netas de 22,3 petajulios (PJ) de Noruega y 17,5 PJ de Suecia; exportaciones netas a Alemania de 14,3 PJ y 8 PJ a los Países Bajos (Agencia Danesa de la Energía, 2023).

Yard, 'no en mi patio trasero') al elevado coste de los nuevos tendidos, ya sea en Estados Unidos (desde el interior hasta las costas) o en Alemania (norte-sur). Mientras tanto, la Agencia Internacional de la Energía ha calculado que cumplir los objetivos mundiales de descarbonización exigiría añadir o renovar más de 80 millones de kilómetros de redes de transmisión de aquí a 2040. Eso equivale a toda la red planetaria existente en 2023 y pasa por una gigantesca movilización de acero, aluminio, cobre y cemento (Appunn, 29 de abril de 2021; AIE, 2023f).

Hasta ahora, solo el almacenamiento hidráulico por bombeo (que requiere una configuración específica del terreno y resulta imposible en tierras bajas) puede proporcionar hasta un gigavatio de energía durante muchas horas consecutivas. Sin embargo, las megaciudades electrificadas del Asia monzónica alimentadas por energías renovables podrían necesitar en la década de 2040 (durante una jornada de tifón) un almacenamiento de muchos gigavatios (entre 5 y 20 GW durante diez a veinte horas, con una capacidad de hasta 400 GWh), mientras que el mayor almacenamiento de energía con baterías de iones de litio (Li-ion) de la actualidad (Moss Landing, en California) tiene una capacidad de 750 MW/3 GWh, dos órdenes de magnitud inferior.[13] Evidentemente, al

---

13 La demanda reciente de electricidad en la región de Tokio ha rondado los 30 GW de media (TEPCO, 2023; Lewis, 3 de agosto de 2023).

coste de las turbinas eólicas y los paneles fotovoltaicos habrá que añadir los costes de estos sistemas de transmisión o almacenamiento necesarios (energía de respaldo) en todos los sistemas donde sea predominante la generación intermitente de energía.

Otro error importante relacionado con los costes es confiar en que la transición energética mundial hacia la descarbonización pueda lograrse embarcándose en un esfuerzo y un coste equivalentes a iniciativas famosas como la construcción de las primeras bombas nucleares (el Proyecto Manhattan) o el envío de hombres a la Luna (el Proyecto Apolo). Disponemos de datos exhaustivos sobre el coste de estas dos iniciativas y, tras convertirlas a dinero de 2022, parecen, desde el punto de vista del gasto, absolutas gangas: el Proyecto Manhattan (1943-1945) costó solamente 33.000 millones de dólares (en moneda actualizada a 2022) o el 0,3 % del PIB de esos años, mientras que el Apolo (1961-1972) ascendió a 207.000 millones de dólares (moneda de 2022), lo que equivale al 0,2 % del PIB de esos doce años (Smil, 2022b).

Nadie puede ofrecer una estimación fiable para coste final de una transición energética mundial de aquí a 2050, aunque una suma hecha recientemente (y casi con toda seguridad muy conservadora) sugerida por el Instituto Global de McKinsey deja claro que comparar este esfuerzo con cualquier otro proyecto anterior financiado por los gobiernos resulta un grave error. La estimación hecha de 275 billones de dólares entre 2021 y 2050, prorrateada, nos da 9,2 billones al año. Comparado con el PIB mundial de 101 billones de dólares de 2022, esto implica un gasto anual del orden del 10 % del producto económico mundial total durante tres décadas, en lugar del 0,2 % o el 0,3 % durante unos pocos años (McKinsey and Company, 2022; Banco Mundial, 2023).

Lo cierto es que la carga real sería mucho mayor, y ello por dos razones. En primer lugar, no cabe esperar que los países de renta baja puedan soportar semejante desvío de sus limitados recursos y, por lo tanto, este empeño global no podría tener éxito a menos que las naciones ricas del planeta gastaran anualmente sumas equivalentes al 15-20 % de su PIB. Y lo que es más importante, este proyecto de transformación global sin precedentes se enfrentaría a enormes sobrecostes. Como muestra el estudio más completo del mundo que analiza la realidad de los sobrecostes (más de 16.000 proyectos en dieciséis países y en veinte categorías, desde aeropuertos a centrales nucleares), el 91,5 % de los proyectos de más de 1.000 millones de dólares han sobrepasado la estimación inicial, con un coste adicional medio del 62 % (Flyvbjerg y Gardner, 2023). Aplicar una corrección del 60 % elevaría la estimación de McKinsey sobre la factura de la descarbonización mundial a 440 billones de dólares, o casi 15 billones al año durante tres décadas, lo que exigiría que las economías ricas gastaran entre el 20 % y el 25 % de su PIB anual en la transición. Solamente una vez en la historia Estados Unidos (y Rusia) gastaron porcentajes superiores de su producto económico anual, y lo hicieron durante menos de cinco años, cuando estaban necesitadas de ganar la Segunda Guerra

Mundial.[14] ¿Existe algún país que vaya a contemplar seriamente compromisos similares, en esta ocasión durante décadas?

A estas alturas de 2024 parecen evidentes tanto las implicaciones políticas como las dificultades que presenta el objetivo de eliminar las emisiones de carbono para 2050. El calentamiento global es un problema mundial y la descarbonización no podrá lograrse sin la participación de todas las partes, ya que la mayor cuota de la iniciativa recae sobre el reducido grupo de grandes contaminantes. En la actualidad, China es responsable del 31 % de las emisiones mundiales derivadas del uso de la energía; Estados Unidos, del 14 %; la Unión Europea, del 11 %; India, del 8 %; Rusia, del 4 %; y Arabia Saudí e Indonesia, del 2 % cada una. ¿Qué posibilidades hay de que estos *siete grandes* avancen armoniosa y firmemente durante los próximos veintisiete años hacia el objetivo común de la neutralidad en 2050?

¿Qué incentivos tiene Rusia —en guerra *de facto*, por el conflicto ucraniano, con la Unión Europea y Estados Unidos— para unirse a Occidente en la descarbonización cuando las exportaciones de hidrocarburos son la base de su economía, por lo demás carente de fortaleza? ¿Hasta qué punto va a estar dispuesta China a colaborar con India (aún no hay tratado de paz entre las dos naciones)

---

14 La estimación más fiable de los gastos estadounidenses en tiempos de guerra pone de manifiesto que la tasa anual pasó de alrededor del 16 % del PIB en 1942 al 37 % en 1945 (Tassava, 2008).

y Estados Unidos, empeñado como está el país asiático en tomar su propio camino? Y en el caso de India, ahora inmersa en un intento por reproducir, siquiera parcialmente, el ascenso económico vivido por China desde 1990, ¿por qué iba a renunciar a utilizar su carbón cuando China ha cuadruplicado sus extracciones durante los últimos treinta años? No es de extrañar que veamos titulares como «India podría aumentar su parque de centrales eléctricas de carbón un 25 % para el año 2030 en medio de una demanda creciente» (Singh y Kitanaka, 23 de septiembre de 2022). Además, como indican cifras recientes, China está lejos de haber terminado con el uso masivo de combustibles fósiles: su producción de carbón alcanzó un nuevo récord en 2022 y el país aprobó la construcción de 106 gigavatios de nuevas plantas, la mayor capacidad desde 2015 (Reuters, 26 de febrero de 2023).

Tampoco hay que perder de vista a África, cuya población pasará de 1.200 a 2.500 millones de habitantes en 2050. El continente más pobre ha sido testigo de cómo China se hizo relativamente rica durante la última generación cuadruplicando su combustión de carbono de origen fósil y convirtiéndose en el mayor productor mundial de cemento, acero, plásticos y amoniaco. Y lo cierto es que hasta los mismos países ricos carecen de alternativas no fósiles a gran escala que puedan transferirse al continente africano para de esta manera permitirle unos objetivos de desarrollo más sostenibles. Por eso «las naciones africanas le dicen a la COP27 que los combustibles fósiles combatirán la pobreza» (McFarlane y Abnett, 10 de noviembre de 2022).

En esos países, las necesidades de energía, así como de las infraestructuras que esta lleva aparejada, resultan inmensas. A excepción de Sudáfrica, el consumo energético per cápita del África subsahariana es inferior a 10 GJ/año, frente a los 26 GJ de India y los 112 GJ de China (Canadá consume casi 370 GJ anuales per cápita). No es de extrañar que los políticos africanos exijan el desarrollo de los recursos fósiles disponibles buscando elevar el nivel de vida del continente quizás al nivel de India. La explotación de algunos grandes yacimientos de gas natural parece especialmente atractiva, ya que el combustible licuado puede exportarse fácilmente a todo el planeta. Actualmente se están explotando nuevos yacimientos de gas en Senegal, Ghana, Nigeria, Camerún, Angola, Mozambique y Tanzania. No es lógico que empiecen a producir antes de 2030 para ser cerrados una o dos décadas después como parte del esfuerzo descarbonizador (Casey, 13 de septiembre de 2023).

FIGURA 8

Previsión de nuevas entregas de aviones entre 2023 y 2042

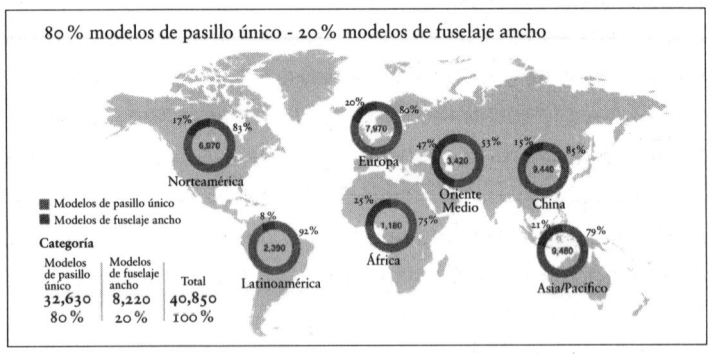

Fuente: Airbus, 2023

Por otro lado, resulta imposible olvidar que no fue ninguna producción acelerada de electricidad eólica o solar, ningún hidrógeno verde, sino más bien el transporte de gas natural licuado desde Estados Unidos, Qatar y Nigeria lo que evitó la paralizante escasez de suministro en la Unión Europea tras la invasión rusa de Ucrania iniciada en febrero de 2022. O que la base de la alianza Rusia-China no se sustenta en ningún complejo de células fotovoltaicas (Miller, 17 de mayo de 2023). Y la demanda de máquinas alimentadas por combustibles fósiles sigue siendo alta en todas partes. Después del covid, las aerolíneas están sirviendo pedidos récord de nuevos reactores de gran tamaño: en 2022, United Airlines encargó nada menos que doscientos. Por su parte, Indigo (la mayor aerolínea de India) encargó quinientos en 2023, y Air India cuatrocientos setenta. La última previsión de Airbus es que se necesitarán más de 40.000 nuevos aviones de pasajeros entre 2023 y 2042, y estas máquinas alimentadas con queroseno suelen funcionar hasta treinta años (véase la figura 8, Reuters, 20 de junio de 2023; Airbus, 2023). Por lo que respecta a los grandes barcos de crucero movidos por gasóleo, los pedidos alcanzaron las cincuenta y seis unidades en agosto de 2023. Como con los aviones, hacemos notar que no resulta lógico botar los antes de 2030 con la intención de que naveguen apenas unos pocos años (Cruise Industry News, 24 de agosto de 2023). Demasiadas realidades apuntan a la misma conclusión: no habrá reducciones del carbono de origen fósil cercanas al 50 % para 2030, ni tampoco se alcanzará la neutralidad en 2050.

7

REALIDADES FRENTE A DESEOS

Desde que el mundo empezó a centrarse en la necesidad de poner fin a la quema de combustibles fósiles no hemos avanzado lo más mínimo en el objetivo de la descarbonización mundial absoluta. Dicho de otra forma: el descenso en las emisiones producidas en muchos países prósperos fue muy inferior al aumento del consumo de carbón e hidrocarburos en el resto del mundo, una tendencia que también ha sido un reflejo de la continua desindustrialización de Europa y Estados Unidos y el aumento de la proporción de producción industrial intensiva en carbono originada en Asia. Como resultado, en 2023 aumentó la dependencia absoluta del carbono de origen fósil, desde la firma del Protocolo de Kioto, un 54 % en todo el planeta. Además, una parte significativa del descenso de las emisiones en muchos países ricos se ha debido a su desindustrialización, a la deslocalización de algunas de sus industrias intensivas en carbono, especialmente a China.

Dinamarca, donde la mitad de su electricidad procede de fuentes eólicas, es señalada a menudo como un ejemplo de éxito en el proceso de descarbonización: desde 1995 ha reducido sus emisiones relacionadas con la energía en un 56 % (frente a la media de la Unión Europea, de alrededor del 22 %). Pero, a diferencia de sus vecinos, el país no produce ningún metal importante (aluminio, cobre, hierro o acero), no fabrica vidrio flotado ni papel, no sintetiza amoniaco y ni siquiera ensambla automóviles. Todos estos productos consumen una gran cantidad de energía, de manera que mover a otros países las emisiones asociadas a su fabricación crea una inmerecida reputación ecológica para el país que hace la transferencia.

Dado que aún no hemos alcanzado el pico mundial de emisiones de carbono (ni siquiera estamos en una fase de meseta), y teniendo en cuenta el progreso necesariamente gradual de distintas soluciones técnicas clave para la descarbonización (desde el almacenamiento de electricidad a gran escala hasta el uso masivo de hidrógeno), no podemos esperar que la economía mundial se haya descarbonizado para 2050. Puede que el objetivo sea deseable, pero no es realista. El último informe *World Energy Outlook* publicado por la Agencia Internacional de la Energía confirma esta conclusión. Aunque prevé que las emisiones de CO_2 relacionadas con la energía alcanzarán su punto máximo en 2025 y que la demanda de todos los combustibles fósiles alcanzará su punto máximo en 2030, también anticipa que solo el consumo de carbón disminuirá significativamente en 2050 (aunque seguirá siendo aproximadamente la mitad del nivel de 2023) y que la demanda de petróleo y gas natural solo experimentará cambios marginales en 2050, con un consumo de petróleo que seguirá rondando los 4.000 millones de toneladas y un uso del gas natural que seguirá superando los 4 billones de metros cúbicos al año (AIE, 2023d).

No podemos refugiarnos en ilusiones ni en objetivos fantasiosos simplemente porque representen objetivos *deseables*. Los análisis hechos con responsabilidad deben reconocer las realidades existentes en los ámbitos energético, material, de ingeniería y también de gestión económica y política. La evaluación imparcial de esos recursos indica lo extremadamente improbable de que para 2050 el sistema energético mundial consiga deshacerse de todo el carbono de origen fósil. Unas políticas sensatas acompañadas de su aplicación decidida podrán determinar qué grado de cumplimiento se consigue. Tal vez el 60% o el 65%. Cada vez son más las personas que reconocen estas realidades, y menos las que se dejan influir por el flujo incesante de escenarios de descarbonización milagrosamente a la baja tan del gusto de los modelizadores de la demanda.

Las cifras sobre la oferta o la demanda globales a largo plazo, o sobre la contribución al proceso de determinadas fuentes o transformaciones, están fuera de nuestra capacidad de cálculo: el sistema es demasiado complejo y sensible a perturbaciones graves e imprevistas como para ofrecer una precisión fiable. Con todo, un sano escepticismo a la hora de elaborar estimaciones a largo plazo nos ayudará a reducir el alcance de los inevitables errores. Tenemos por ejemplo la previsión realista hecha en 2023 por la empresa noruega de gestión de riesgos DNV, de la que se han hecho eco recientemente otras evaluaciones igualmente sensatas. Tras señalar que las emisiones mundiales relacionadas con la energía siguen aumentando (aunque podrían alcanzar su pico en 2024, que es cuando comenzaría la transición de manera efectiva), concluye que en 2050 pasaremos de la actual proporción de aproximadamente 80 % de combustibles fósiles frente al 20 % de combustibles no fósiles a una proporción de 48/52 en 2050, con una disminución de casi dos tercios de la energía primaria contaminante, pero todavía de unos 314 EJ en 2050, es decir, casi tan alta como en 1995 (DNV, 2023).

Repetimos: eso es lo que esperaría cualquier analista serio de las transiciones energéticas globales. Determinados aspectos individuales pueden mutar a distintas velocidades y en ocasiones se producen cambios muy rápidos, pero el patrón histórico general cuantificado nos muestra, en términos de energías primarias, una evolución gradual. Por desgracia, las actuales previsiones (en general) y la anticipación de los avances en material de energía (en particular) suelen tender al optimismo desmesurado, la exageración y el bombo y platillo (Smil, 2023b). Durante la década de los setenta, mucha gente creía que para el año 2000 toda la electricidad provendría no solo de la fisión, sino incluso de los llamados reactores de neutrones rápidos. Y poco después llegaron las promesas de que sería la *energía blanda* la que tomase el relevo (Smil, 2000).

La creencia en un mañana poco menos que milagroso no desaparece nunca. Incluso ahora podemos leer declaraciones que afirman que el mundo podrá depender únicamente de la energía eólica y fotovoltaica en 2030 (Global100REStrategyGroup, 2023). Y luego se repiten las afirmaciones de que todas las necesidades energéticas (desde los aviones hasta la fundición de acero) resultan susceptibles de ser cubiertas con hidrógeno verde barato o con fusión nuclear asequible. Sin embargo, aparte de llenar titulares de prensa con afirmaciones irrealizables, ¿qué consigue todo esto? Más bien deberíamos dedicar el esfuerzo a planificar futuros realistas que tengan en cuenta nuestras capacidades técnicas, nuestros suministros materiales, nuestras posibilidades económicas y nuestras necesidades sociales, y a partir de ahí pensar en formas prácticas de alcanzarlos. Además, siempre podemos intentar superarlos incluso, un objetivo más loable que exponernos a repetidos fracasos por habernos aferrado a metas poco realistas y visiones poco prácticas.

Pero, además, no alcanzar en 2050 el objetivo poco pragmático de una completa descarbonización no significa no conseguir la limitación del calentamiento global medio a 1,5 °C. El aumento de las temperaturas no solo dependerá de nuestros esfuerzos por conseguir un suministro mundial de energía que sea limpio, sino también de los éxitos que obtengamos a la hora de limitar el CO_2 y otros gases de efecto invernadero generados por la agricultura, la ganadería, la deforestación, los cambios en los usos del suelo y la eliminación de residuos. Al fin y al cabo, la suma de todos ellos supone al menos una cuarta parte de las emisiones antropogénicas del planeta. Y sin embargo, hasta ahora nos hemos centrado casi exclusivamente en el CO_2 procedente de la quema de combustibles fósiles. Pero ese es un tema para otro análisis.

8

REFLEXIONES FINALES

Voy a concluir con unas sencillas consideraciones históricas y una recapitulación de las magnitudes tratadas. Mi síntesis sobre el suministro mundial de energía (incluidas las energías tradicionales de biomasa) deja claro que primero los combustibles fósiles y más tarde también la electricidad de origen hidráulico y nuclear pasaron de solo el 2 % en 1800 al 95 % en 2020 (Smil, 2016a). De manera que, después de más de dos siglos, la primera transición energética aún no se ha completado.

¿Y la segunda? Incluso si asumiéramos que, debido a las mayores eficiencias de conversión de una economía intensamente electrificada solo necesitaremos reemplazar 300 EJ, y no 500 EJ, del suministro actual de combustibles fósiles para 2050, entonces aún tenemos por delante el 85 % de la tarea. A partir de 2022, y en adelante, las energías renovables solo suministrarán unos 45 EJ, lo que supone un aumento anual de 1,7 EJ durante los últimos veintisiete años. Pero para eliminar el carbono de origen fósil en 2050, las sumas adicionales de energía tendrían que suponer una media de unos 9,4 EJ anuales durante los próximos veintisiete años, lo que implica un ritmo de transición anual casi seis veces más rápido que durante los últimos veintisiete. ¿Vamos a ser capaces, de manera instantánea, de sextuplicar (aunque sea *solo* quintuplicar o cuadruplicar) nuestros logros anuales y mantener esos nuevos niveles hasta 2050?

Por tanto, la transición en curso constituye solamente la segunda revolución de este tipo que hemos vivido a lo largo de la historia, y tanto la primera como la segunda comparten un objetivo similar: un cambio completo de las bases energéticas presentes en la civilización. En comparación con los logros y las opciones técnicas actuales, la primera gran transición comenzó a producirse con unas capacidades técnicas rudimentarias, pero al final superó con creces las expectativas iniciales que se tenían de ella para dar como resultado la creación de sociedades nuevas, prósperas e intensivas en el consumo de energía.

En la actualidad, aunque técnicamente estamos mucho mejor equipados que hace ciento cincuenta o doscientos años, los retos planteados por la segunda transición energética no parecen menos difíciles. Justo antes de finales de 2023, la Agencia Internacional de la Energía publicó su estimación de la inversión mundial en *energías limpias*, es decir, esencialmente el coste anual reciente de la transición energética. Para el año 2023 se aproximaba a los 2,2 billones de dólares (AIE, 2023g).

Incluso si tuviéramos que sustituir solo el 60 % del consumo actual de combustibles fósiles, deberíamos invertir unas seis veces más, es decir, unos 13 billones de dólares al año, para llegar a las cero emisiones netas en 2050. Una inversión de entre 15 y 17 billones de dólares al año (para tener en cuenta los sobrecostes previstos) no parece excesiva, y nos lleva, una vez más, a un total de entre 400 y 460 billones de dólares para el año 2050, lo que viene a ser una confirmación del valor estimado previamente. No se trata de una previsión, sino de una estimación plausible que pretende poner de manifiesto los costes —frecuentemente subestimados— de esta empresa global.

Ninguna ley natural nos impide realizar las enormes inversiones necesarias para sostener esa gigantesca transformación año a año: tenemos la opción de llevar a cabo una enorme movilización de esfuerzos constructivos y transformadores sin precedentes en el pasado, que duraría décadas y abarcaría toda la civilización. Pero también podemos reducir deliberadamente nuestro consumo de energía bajando nuestro nivel de vida y manteniéndolo en cotas bajas para así facilitar la reducción de todo el carbono de origen fósil.

A falta de estas dos opciones radicales, no debemos ignorar la experiencia de la gran transición energética pasada (de las energías tradicionales de biomasa a los combustibles fósiles) ni tampoco subestimar la concatenación de retos que presentan los requisitos prácticos de ingeniería, económicos, organizativos, sociales, políticos y medioambientales de la transición en curso hacia un

mundo libre de carbono de origen fósil, y que hemos re-
corrido someramente en este ensayo. Una vez evaluados
todos esos retos de una manera realista, debemos concluir que para 2050 resulta muy improbable un mundo
libre de carbono de origen fósil.

COMENTARIO AL TEXTO
POR ANTXON OLABE EGAÑA[15]

El Panel Intergubernamental de Expertos sobre el Cambio Climático (IPCC por sus siglas en inglés) ha estimado que, entre 1992 y 2020, Groenlandia ha perdido un total de 4.890.000 millones de toneladas de hielo. La persistente elevación de la temperatura por encima de los 1,5-2 grados sobre la época preindustrial (1850-1900) activará un proceso de desestabilización irreversible de la gigantesca masa de hielo allí existente. Si se cruza ese punto de inflexión de forma continuada, se desencadenará un lento e irreversible proceso de desintegración de sus 2.850.000 km3 de hielo, lo que, a lo largo de si-

---

15 Economista ambiental y ensayista, formado en la Universidad de York (Reino Unido). Entre 2018 y 2020 fue asesor de la vicepresidenta para la transición ecológica, donde dirigió la elaboración del Plan Nacional Integrado de Energía y Clima, 2021-2023, así como de la Estrategia de Descarbonización a Largo Plazo, 2050. En 2022 publicó el libro *Necesidad de una política de la Tierra. Emergencia climática en tiempos de confrontación* (Galaxia Gutenberg, 2022).

glos, elevará la altura del nivel del mar seis o siete metros, sumergiendo completamente ciudades como Miami, Londres, Shangái, Bombay, Bangkok, Nueva York y muchas otras.

La ciencia del clima ha alertado desde hace más de cincuenta años sobre el efecto desestabilizador en la química de la atmósfera de las emisiones de gases de efecto invernadero. Los avisos y las alarmas han sido constantes, en especial desde 1990, fecha del primer informe de síntesis del IPCC. La desatención que el tema recibió durante demasiado tiempo en la mayoría de las principales capitales (singularmente Washington y Pekín) ha hecho que el margen de maniobra disponible en la actualidad sea considerablemente menor que si se hubiese reaccionado de forma responsable ante los primeros mensajes del IPCC.

En 2023, las emisiones globales de gases de efecto invernadero alcanzaron los 53.000 millones de toneladas de CO_2 equivalente (sin incluir las derivadas de los usos del suelo) y las emisiones de CO_2 de origen fósil han supuesto el 74 % del total. El aumento medio de la temperatura de la atmósfera respecto a la existente en tiempos preindustriales ya ha alcanzado los 1,2 grados. Un incremento persistente por encima de 1,5 grados podría provocar efectos en cascada como consecuencia de la activación de procesos de retroalimentación positiva en el sistema climático. La desaparición del mar de hielo en el Ártico, las pérdidas masivas de hielo en Groenlandia arriba mencionadas, así como las del oeste de la Antártida, el deshielo del permafrost siberiano, el debilitamiento de la capacidad de sumidero de carbono de bosques y suelos, la creciente respiración bacteriana de los océanos, el posible colapso de la Amazonía, la degradación de los bosques boreales, etcétera, son algunos de los procesos que podrían verse afectados. La crisis del clima supone una amenaza existencial para el mundo de los seres humanos.

Dicha amenaza es consecuencia directa de la existencia de un sistema energético global basado desde la Revolución Industrial en la combustión de carbón, petróleo y gas. No hay solución viable a la emergencia climática que no pase de forma prioritaria por la descarbonización masiva, sistemática y urgente del sistema energético fósil. Lograr que el aumento de la temperatura media de la atmósfera se mantenga en 1,5 grados a finales del presente siglo precisa alcanzar la neutralidad mundial en carbono para 2050, es decir, descarbonizar de manera masiva dicho sistema. Ese objetivo se podría lograr mediante una trayectoria de emisiones, como la que presentó el IPCC en su informe de 2021 (denominada SSP1-1.9, muy bajas emisiones), así como por medio de la trayectoria Net Zero 2050 elaborada por la Agencia Internacional de la Energía (AIE).

El libro de Smil es, sin duda, muy relevante. El autor es un destacado historiador de la energía, posiblemente el experto mundial de referencia en ese campo. La tesis del libro se centra en la dificultad para lograr la mencionada neutralidad climática (emisiones netas cero) en 2050, objetivo defendido por la mayoría de la comunidad internacional, siguiendo las recomendaciones del

IPCC y la AIE. El autor se refiere en varias ocasiones a dicho objetivo como *wishful thinking*. En defensa de su tesis presenta una ingente cantidad de datos sobre el actual sistema energético mundial, así como sobre las transiciones energéticas del pasado.

El libro supone, en mi opinión, un oportuno antídoto contra las superficiales posiciones tecno-optimistas ante la transición energética global. De hecho, no son pocos los analistas y tecnólogos que comparan la velocidad potencial de la misma con la que ha tenido lugar, por ejemplo, con el cambio desde la telefonía fija a la móvil. Consideran que la transición energética es una transición tecnológica más y que, en consecuencia, con el debido apoyo institucional y suficiente inversión privada, podría replicar sus ritmos. El libro de Smil recuerda, sin embargo, que el cambio desde el sistema energético fósil a otro basado en tecnologías sin carbono es muchísimo más que un cambio tecnológico, es un cambio sistémico con todo lo que ello significa.

Se trata de redirigir, cuando no desmantelar, la colosal infraestructura energética fósil erigida en los últimos cien años, que ha proporcionado la columna vertebral al desarrollo de la economía mundial. De forma contundente señala que «el proceso actual requiere cambiar una producción anual de 8.200 millones de toneladas de carbón, 4.500 millones de toneladas de petróleo y cuatro billones de metros cúbicos de gas natural». A los tecno-optimistas les recuerda que:

Si hablamos de los usos finales de la energía y de sus conversores concretos, la transición en curso pretende sustituir más de 4 teravatios (TW) de capacidad de generación de electricidad instalada actualmente en grandes centrales de carbón y gas por otras fuentes que no emitan carbono; sustituir casi 1.500 millones de motores de combustión (gasolina y gasóleo) instalados en vehículos de carretera; cambiar toda la maquinaria agrícola y de procesamiento de cultivos; encontrar nuevas fuentes de calor, aire caliente y agua caliente utilizados en una amplia variedad de procesos industriales (desde la fundición de hierro y la fabricación de cemento y vidrio, hasta la síntesis química y la conservación de alimentos), que actualmente consumen cerca del 30 % de los combustibles fósiles; sustituir más de quinientos millones de calderas de gas natural que calefactan viviendas y locales industriales, institucionales y comerciales por bombas de calor u otras alternativas, y encontrar nuevas formas de alimentar a los casi 120.000 buques de la flota mercante [...] y a los casi 25.000 reactores de aviones...

Sin embargo, a pesar de la oportuna ducha escocesa para calmar euforias tecno-optimistas, Smil se equivoca en aspectos relevantes, por lo que su alegato «realista» frente a la viabilidad de los objetivos consensuados a 2050 acaba, en mi opinión, en buena medida desenfocado. Veámoslo por partes.

En primer lugar, el valor, la idoncidad de un análisis se mide no solo por lo que el autor defiende en un determinado texto, sino por aquello que omite, que apenas menciona o que queda referenciado únicamente en los márgenes. El análisis que Smil presenta acerca de la no viabilidad práctica del objetivo cero emisiones netas globales en 2050 se hace sin apenas explicar el contexto de la crisis climática. Descontextualizado de dicho marco de referencia, el objetivo a 2050 se convierte en su ensayo en un muñeco al que es fácil atizarle todos los golpes dialécticos imaginables en función de «una perspectiva realista». Sin embargo, es la gravedad de la crisis climática la que justifica el objetivo de *hacer todo lo posible* por mantener el incremento de la temperatura en 1,5 grados, lo que a su vez implica necesariamente *hacer todo lo posible* por acercarnos a la neutralidad climática en 2050.

Y es que cada décima de grado evitada importa, y mucho. Desgraciadamente, es posible que el objetivo de 1,5 grados no sea ya alcanzable, pero hay un mundo de diferencia entre finalizar el siglo XXI con un incremento de la temperatura media de la atmósfera de, digamos, 1,7 o 1,8 grados, que hacerlo con 2,7 o 2,8 grados. Es una diferencia cualitativa que afectará a las condiciones de vida, bienestar e incluso supervivencia de centenares de millones de seres humanos. En ese sentido, el objetivo de neutralidad climática en 2050 actúa como una estrella polar señalando la dirección estratégica a la comunidad internacional para que, mediante sucesivos procesos de autoevaluación y mejora continua, las trayectorias de descarbonización sean cada vez más ambiciosas en sus ritmos y objetivos.

En segundo lugar, en el libro se percibe un sesgo fruto de su especialidad como historiador de la energía.

Así, son continuas las referencias al dilatado tiempo que han requerido las transiciones energéticas ocurridas en el pasado: de la madera al carbón en los siglos XVIII y XIX, del carbón al petróleo en los siglos XIX y XX, la irrupción del gas en el siglo XX, o el recordatorio de que todavía cientos de millones de personas utilizan biocombustibles tradicionales como la leña o restos orgánicos por carecer de acceso a tecnologías energéticas modernas. El mensaje que se repite es que han sido procesos lentos que han requerido varias generaciones. Por lo tanto, concluye Smil, no es viable una transición hacia la descarbonización masiva del sistema energético en una sola generación (2024-2050).

Sin embargo, mientras que aquellas transiciones se vieron dinamizadas por factores económico-tecnológicos relacionados con la mejora de la eficiencia que aportaban las tecnologías emergentes, la fuerza motriz principal tras la actual transformación del sistema energético es la amenaza de la crisis climática planetaria. Por tanto, no se deben comparar procesos cuyos marcos de referencia y fuerzas motrices son distintos. La diferencia con el pasado se ve reflejada, entre otros elementos, en dos hechos. Uno, la propia existencia del IPCC, la mayor experiencia de colaboración en la historia de la ciencia, colaboración movilizada precisamente para responder de manera adecuada a la crisis climática. Y dos, la aprobación de la Convención Marco de las Naciones Unidas para el Cambio Climático en 1992, de la que surgen las cumbres climáticas anuales (COP). A diferencia de las transiciones tecnológicas pretéritas, hoy en día es

la actuación de los gobiernos la que ocupa el espacio
central, ya que se trata de una transformación sistémica
que abarca al conjunto de la economía y la geopolítica.
En consecuencia, tal y como señalan de forma repetida
la Agencia Internacional de la Energía (AIE) y la Agencia Internacional de las Energías Renovables (IRENA),
son las decisiones de política energética-climática que
adoptan los gobiernos tras escuchar los mensajes de la
ciencia del clima las únicas capaces de producir los cambios estructurales que demanda la transformación. En
otras palabras, el proceso de descarbonización de la economía se puede acelerar mediante acuerdos internacio-
nales, directivas europeas y marcos regulatorios nacionales con sus correspondientes leyes, decretos, estrategias
y planes. A modo de ejemplo, la Unión Europea (UE27)
ha reducido sus emisiones totales un 34 % entre 1990 y
2023, precisamente porque ha existido voluntad política de atender a las demandas de la ciencia del clima.

En un nivel más técnico, disponer de un objetivo
central ambicioso a 2050 actúa como clave de bóveda
en la correspondiente modelización tanto de los Planes
Nacionales Integrados de Energía y Clima, como de las
Estrategias de Descarbonización a Largo Plazo. Y es que
dicha modelización se basa en análisis coste-eficiencia,
CEA por sus siglas en inglés, que identifican aquella trayectoria de emisiones que, una vez alcanzado un determinado objetivo climático, minimiza el coste total de la
transformación económica-energética correspondiente.
Por ello, tiene todo el sentido del mundo que exista el
objetivo cero emisiones netas en 2050, ya que *actúa como*

punto de referencia en las planificaciones estratégicas mediante las que los países formulan y despliegan sus procesos de transformación energético/climática. La existencia de un objetivo final ambicioso *obliga* a adoptar trayectorias de descarbonización ambiciosas.

En tercer y último lugar, el libro no indaga en las razones por las que la descarbonización ha avanzado tan lentamente en los veintisiete años transcurridos desde la aprobación del Protocolo de Kioto en 1997. Buena parte de la respuesta tiene que ver con el hecho de que la transformación del sistema energético no ocurre en el vacío, sino en un espacio densamente saturado de poderosos intereses económicos y políticos vinculados al *statu quo*, no solo en el ámbito nacional sino en el internacional. En mi libro *Necesidad de una política de la Tierra* he analizado de forma detallada ese proceso y a él me remito.

En ese sentido, durante los últimos años las posiciones negacionistas se han vuelto indefendibles ante las abrumadoras pruebas presentadas por la ciencia del clima. En ese reducto sectario ya solo se mueven grupos de la extrema derecha conspiranoide, cuyo rigor intelectual tiene el vuelo de una gallinácea. En consecuencia, el mundo de los negocios vinculados a la defensa del *statu quo* fósil ha evolucionado hacia praderas narrativas más fértiles y creativas. Los argumentos ya no van dirigidos a negar la ciencia del clima. Ahora, presentan una variada gama de argumentos cuya finalidad es evitar, o cuando menos atrasar todo lo posible, la descarbonización del sistema energético fósil. En ese sentido, confío en que el libro de Smil contribuya a que los lectores desarrollen una comprensión rigurosamente informada acerca de las dificultades existentes para lograr la neutralidad en carbono a mediados de este siglo, desactivando un tecno-optimismo superficial. Será preciso, no obstante, estar alertas para neutralizar posibles intentos de resignificación del mismo por parte de sectores del negacionismo 2.0 al que hemos denominado retardismo, ya que cabe esperar que traten de llevar el agua (de Smil) a su molino.

REFERENCIAS

Airbus, *Global Market Forecast: 2023-2042*, Airbus, 2023, <airbus.com/en/products-services/commercial-aircraft/market/global-market-forecast>. Consultado a 14 de febrero de 2024.

Amprius, «The All-New Amprius 500 Wh/kg Battery Platform is Here», *Amprius Technologies*, 23 de marzo de 2023,<amprius.com/the-all-new-amprius-500-wh-kg-battery-platform-is-here/>. Consultado a 13 de febrero de 2024.

Appunn, K., «New German Power Lines Delayed by Years - Media Report», *Clean Energy Wire*, 29 de abril de 2021, <cleanenergywire.org/news/new-german-power-lines-delayed-years-media-report>. Consultado a 14 de febrero de 2024.

ArcelorMittal, «Steel's Sustainability Credentials», *ArcelorMittal*, 2023,<corporate.arcelormittal.com/climate-action/steel-s-sustainability-credentials>. Consultado a 14 de febrero de 2024.

Arrhenius, S., «On the Influence of Carbonic Acid in the Air upon the Temperature of the Ground», *Philosophical Magazine and Journal of Science*, Series 5, vol. 41, 1896, págs. 237-276.

Biogradlija, A., «HyDeal Espana: A Reality Check for Europe's Hydrogen Ambitions», *Energy News*, 15 de septiembre de 2023, <energynews.biz/hydeal-espana-a-reality-check- for-europes-hydrogen-ambitions/>. Consultado a 14 de febrero de 2024.

BloombergNEF, «Cost of Clean Energy Technologies Drop as Expensive Debt Offset by Cooling Commodity Prices», *BloombergNEF*, 7 de junio de 2023, <about.bnef.com/blog/cost-of-clean-energy-technologies-drop-as-expensive-debt-offset-by-cooling-commodity- prices/>. Consultado a 14 de febrero de 2024.

Carrara, S., Alves Dias, P., Plazzotta, B. y Pavel, C., *Raw Materials Demand for Wind and Solar PV Technologies in the Transition towards a Decarbonised Energy System*, Joint Research Centre, European Commission, 2020, <op.europa.eu/en/ publication-detail/-/publication/19aae047-7f88-11ea-aea8-01aa75ed71a1/ language-en>. Consultado a 14 de febrero de 2024.

Casey, J., «Africa: The Natural Gas Sleeping Giant», *LNG Industry*, 13 de septiembre de 2023, <lngindustry.com/special-reports/13092023/africa-the-natural-gas-sleeping-giant/>. Consultado a 14 de febrero de 2024.

Castillo, R. y Purdy, C., *China's Role in Supplying Critical Minerals for the Global Energy Transition*, Leveraging Transparency to Reduce Corruption project (LTRC), Brookings Institution, 2022, <brookings. edu/wp-content/uploads/2022/08/LTRC_ChinaSu-pplyChain.pdf>. Consultado a 14 de febrero de 2024.

CH-Aviation, «Global Fleet Size», *CH-Aviation*, 2022, <about.ch-aviation.com/blog/2022/06/30/june-2022-global-fleet-size-analysis-by-ch-aviation/>. Consul-tado a 13 de febrero de 2024.

Colman, Z., «'We Can't Find People to Work': The Newest Threat to Biden's Climate Policies», *Politico*, 27 de de febrero de 2023, <politico.com/news/2023/02/27/biden-climate-jobs-00080207>. Consultado a 14 de febrero de 2024.

Cruise Industry News, «Cruise Ship Orderbook Stands At 56 New Vessels and $39 Billion», *Cruise News*, 24 de agosto de 2023, <cruiseindustrynews.com/crui-se-news/2023/08/cruise- ship-orderbook-stands-at-56-new-vessels-and-39-billion/>. Consultado a 14 de febrero de 2024.

Danish Energy Agency, *Energy in Denmark 2021: Data, Tables, Statistics and Maps*, Ministry of Climate, Energy and Utilities, Government of Denmark, 2023, <ens.dk/sites/ens.dk/files/Statistik/energy_in_den-mark_2021.pdf>. Consultado a 14 de febrero de 2024.

Delarue, E. y Morris, J., *Renewables Intermittency: Ope-rational Limits and Implications for Long-Term Ener-gy System Models*, número de informe 277 (marzo), Joint Program on the Science and Policy of Global Change, Massachusetts Institute of Technology [MIT], 2015, <globalchange.mit.edu/sites/default/files/MI-

TJPSPGC_Rpt277.pdf>. Consultado a 14 de febrero de 2024.

Det Norske Veritas [DNV], *Energy Transition Outlook 2023*, 2023, <dnv.com/energy-transition-outlook/index.html>. Consultado a 14 de febrero de 2024.

Ener8, «The Ener8 Merchant Fleet Infographic 2023», *Ener8*, 2023, <ener8.com/ merchant-fleet-infographic-2023/>. Consultado a 13 de febrero de 2024.

Energy Institute, Resources and Data Downloads, *Statistical Review of World Energy*, 2023, Energy Institute, 2023a, <energyinst.org/statistical-review/resources-and-data-downloads>. Consultado a 13 de febrero de 2024.

Energy Institute, *Statistical Review of World Energy*, 2023, Energy Institute, 2023b, <energyinst.org/statistical-review>. Consultado a 13 de febrero de 2024.

Energy Institute, Carbon Dioxide Equivalent Emissions from Energy, Process Emissions, Methane, and Flaring (de 1990). [Data table], *Statistical Review of World Energy*, 2023, Energy Institute, 2023c, <view.officeapps.live.com/op/view.aspx?src=https%3A%2F%2Fwww.energyinst.org %2Fdata %2Fassets %2Fexcel_doc%2F0007 %2F1055545 %2FEI-stats-review-all-data.xlsx&wdOrigin=BROWSELINK>. Consultado a 14 de febrero de 2024.

Energy Transitions Commission, *Material and Resource Requirements for the Energy Transition*, The Barriers to Clean Electrification Series, Energy Transitions Commission (julio), 2023, <energy-transitions.org/wp-content/uploads/2023/08/ETC-Materials-Report_

highres-1.pdf>. Consultado a 14 de febrero de 2024.

Fertiberia, «HyDeal Spain: The World's Largest Integrated Renewable and Competitive Hydrogen Hub», *Fertiberia*, 2022, <fertiberia.com/en/hydeal-spain-the-worlds-largest-integrated-renewable-and-competitive-hydrogen-hub/>. Consultado a 14 de febrero de 2024.

Flyvbjerg, B. y Gardner, D., *How Big Things Get Done: The Surprising Factors That Determine the Fate of Every Project, from Home Renovations to Space Exploration and Everything in Between*, Crown Currency, 2023.

Food and Agriculture Organization [FAO], *Forest Products 2020*, United Nations, FAO, 2022, <fao.org/documents/card/en/c/cc3475m>. Consultado a 13 de febrero de 2024.

Garsten, E., «EV Sales Pace Is Running Short of Power Going into 2024», *Forbes*, 14 de diciembre de 2023, <forbes.com/sites/edgarsten/2023/12/14/ev-sales-pace-is-running-short-of-power-going-into-2024/?sh=38e5bba79858>. Consultado a 13 de febrero de 2024.

Global Monitoring Laboratory, «Trends in Atmospheric Carbon Dioxide», *Global Monitoring Laboratory*, 2023, <gml.noaa.gov/ccgg/trends/>. Consultado a 13 de febrero de 2024.

Global100REStrategyGroup, «Joint Declaration of the Global 100% Renewable Energy Strategy Group», *Global100REStrategyGroup*, 2023, <global100orestrategygroup.org/>. Consultado a 14 de febrero de 2024.

Hedges and Company, «How Many Cars Are There in The World in 2024?», Statistics by Country, *Hedges and Company*, 2023, <hedgescompany.com/blog/2021/06/how-many-short-of-power-going-into-2024/?sh=38e-5bba79858>. Consultado a 13 de febrero de 2024.

HyDeal, «HyDeal Ambition», *HyDeal*, sin fecha, <hydeal.com/hydeal-ambition#FirstProject>. Consultado a 14 de febrero de 2024.

Iberdrola, *Green Steel: A Material Ready for Industrial Decarbonisation and Widening the Horizons of Electrification*, Iberdrola, sin fecha, <iberdrola.com/sustainability/green-steel>. Consultado a 14 de febrero de 2024.

Intergovernmental Panel on Climate Change [IPCC], «Special Report: Global Warming of 1.5°C. Summary for Policymakers», *IPCC*, 2018, <www.ipcc.ch/sr15/chapter/spm/>. Consultado a 13 de febrero de 2024.

Intergovernmental Panel on Climate Change [IPCC], «What is the IPCC?», *IPCC Factsheet* (julio), 2021, <ipcc.ch/site/assets/uploads/2021/07/AR6_FS_What_is_IPCC.pdf>. Consultado a 13 de febrero de 2024.

International Atomic Energy Agency [IAEA], «What are Small Modular Reactors (SMRs)?», *IAEA*, 2023, <iaea.org/newscenter/news/what-are-small-modular-reactors-smrs>. Consultado a 14 de febrero de 2024.

International Energy Agency, *World Energy Outlook 2021*, IEA, 2021a, <iea.org/reports/world-energy-outlook-2021>. Consultado a 13 de febrero de 2024.

International Energy Agency, Mineral Requirements for Clean Energy Transitions, *The Role of Critical Minerals in Clean Energy Transitions*, IEA, 2021c, <iea. org/reports/the-role-of-critical-minerals-in-clean-energy-transitions/mineral-requirements-for-clean-energy-transitions>. Consultado a 14 de febrero de 2024.

International Energy Agency, «Average Copper Ore Grade in Chile by Production Route», 2005-2019 [Figure], *The Role of Critical Minerals in Clean Energy Transitions*, IEA, 2021d, <iea.org/data-and-statistics/charts/average-copper-ore-grade-in-chile-by-production-route-2005-2019>. Consultado a 14 de febrero de 2024.

International Energy Agency, «An Updated Roadmap to Net Zero Emissions by 2050», *World Energy Outlook 2022*, IEA, 2022, <iea.org/reports/world-energy-outlook-2022/https://www.iea.org/reports/world-energy-outlook-2022/an-updated-roadmap-to-net-zero-emissions-by-2050>. Consultado a 14 de febrero de 2024.

International Energy Agency, «Tracking Carbon Capture, Utilisation and Storage», IEA, 2023a, <iea.org/energy-system/carbon-capture-utilisation-and-storage#tracking>. Consultado a 12 de febrero de 2024.

International Energy Agency, *CO2 Emissions in 2022*, IEA, 2023b, <iea.org/reports/co2-emissions-in-2022>. Consultado a 13 de febrero de 2024.

International Energy Agency, «Trends in Electric Light-Duty Vehicles», *Global EV Outlook 2023*, IEA, 2023c, <iea.org/reports/global-ev-outlook-2023/trends-in-

electric-light-duty-vehicles>. Consultado a 13 de febrero de 2024.

International Energy Agency (2023d), *World Energy Outlook 2023*, IEA, < iea.blob.core.windows.net/assets/42b23c45-78bc-4482-b0f9-eb826ae2da3d/WorldEnergyOutlook2023.pdf>. Consultado a febrero de 2024.

International Energy Agency (2023e), «Lagging Policy Support and Rising Cost Pressures Put Investment Plans for Low-Emissions Hydrogen at Risk», IEA, <iea.org/ news/lagging-policy-support-and-rising-cost-pressures-put-investment-plans-for-low- emissions-hydrogen-at-risk>. Consultado a 14 de febrero de 2024.

International Energy Agency (2023f), *Electricity Grids and Secure Energy Transitions*, IEA, <iea.org/reports/electricity-grids-and-secure-energy-transitions>. Consultado a 14 de febrero de 2024.

International Energy Agency (2023g), *World Energy Investment 2023*, IEA, < iea.org/reports/world-energy-investment-2023/overview-and-key-findings>. Consultado a 14 de febrero de 2024.

International Renewable Energy Agency [IRENA], 2023, *Making the Breakthrough: Green Hydrogen Policies and Technology Costs*, Puntos destacados y extractos de *Green Hydrogen: A Guide to Policy Making*, IRENA, <irena.org/-/media/Files/IRENA/Agency/Publication/2020/Nov/IRENA_Green_Hydrogen_breakthrough_2021.pdf>. Consultado a 14 de febrero de 2024.

Jamasmie, C., «Lower Copper Grades Take Toll on Antofagasta First Quarter Output», Mining.com, 25 de abril de 2015, <mining.com/lower-copper-grades-take-toll- antofagasta-first-quarter-output/>. Consultado a 14 de febrero de 2024.

Jones, F., (22 de febrero de 2023), «Europe's First Commercial Green Steel Plant to Open in Sweden», *Mining Technology*, <mining-technology.com/news/green-steel- hydrogen/>. Consultado a 14 de febrero de 2024.

Kompetenzzentrum Fachkräftesicherung [KOFA] (2022), *Energie aus Wind und Sonne* [Energía eólica y solar], Estudio KOFA, número 3 (28 de noviembre), KOFA, <kofa.de/ daten-und-fakten/studien/energie-aus-wind-und-sonne/>. Consultado a 14 de febrero de 2024.

Lazenby, H. (19 de noviembre de 2018), «Chile's Copper Recovery Fails to Ease Long-Term Grade Concern», *Mining Journal*, <mining-journal.com/copper-news/news/1351361/ chiles-copper-recovery-fails-to-ease-long-term-grade-concern>. Consultado a 14 de febrero de 2024.

Lennox, 2024, «Furnaces», Lennox, < lennox.com/products/heating-cooling/ furnaces>. Consultado a 2 de abril de 2024.

Lewis, M. (3 de agosto de 2023), «The World's Largest Battery Storage System Just Got Even Larger», *Electrek*, <electrek.co/2023/08/03/worlds-largest-battery-storage-system- just-got-even-larger/>. Consultado a 14 de febrero de 2024.

Marouani, I., Tawfik Guesmi, Badr M. Alshammari, *et al.*, «Integration of Renewable- Energy-Based Green Hydrogen into the Energy Future», *Processes*, 2023, 11,9: artículo 2685, <mdpi.com/2227-9717/11/9/2685>. Consultado a 2 abril de 2024.

Mcfarlane, S., Abnett, K. (10 de noviembre de 2022), «African Nations Tell COP27 Fossil Fuels Will Tackle Poverty», Reuters, <reuters.com/business/cop/african-hosted-climate-talks-give-fossil-fuel-voice-2022-11-10/>. Consultado a 14 de febrero de 2024.

McKinsey and Company, *The Net Zero Transition: What It Would Cost, What It Could Bring*, McKinsey and Company, 2022, <mckinsey.com/~/media/mckinsey/business functions/sustainability/our insights/the net zero transition what it would cost what it could bring/the-net-zero-transition-what-it-would-cost-and-what-it-could-bring-final.pdf>. Consultado a 14 de febrero de 2024.

McKinsey and Company, «The First Cut Is the Deepest», McKinsey, 2023, <mckinsey.com/featured-insights/sustainable-inclusive-growth/chart-of-the-day/the-first- cut-is-the-deepest>. Consultado a 14 de febrero de 2024.

McLain, S., Rattner N., «How Electric Vehicles Are Losing Momentum with U.S. Buyers, in Charts», *The Wall Street Journal*, 27 de diciembre de 2023, <wsj.com/ business/autos/electric-vehicle-demand-charts-7d3089c7>. Consultado a 13 de febrero de 2024 (acceso restringido).

Miller, G., *How LNG Shipping Kept Europe's Wartime Energy Supply Secure*, FreightWaves, 17 de mayo de 2023, <freightwaves.com/news/how-lng-shipping-kept-wartime- europes-energy-supply-secure>. Consultado a 14 de febrero de 2024.

Mills, R., Copper, «The Most Important Metal We're Running Short Of», *Streetwise Reports*, 27 de octubre de 2022, <streetwisereports.com/article/2022/10/27/copper-the- most-important-metal-we-re-running-short-of.html>. Consultado a 14 de febrero de 2024.

NASA, «What is the Greenhouse Effect?», *Global Climate Change: Vital Signs of the Planet*, Jet Propulsion Laboratory, NASA, 2023, <climate.nasa.gov/faq/19/what-is-the-greenhouse- effect/>. Consultado a 13 de febrero de 2024.

Reuters, «China's New Coal Plant Approvals Surge in 2022, Highest Since 2015. Research», Reuters, 26 de febrero de 2023, <reuters.com/world/asia-pacific/chinas-new-coal- plant-approvals-surge-2022-highest-since-2015-research-2023-02-27/>. Consultado a 14 de febrero de 2024.

Reuters, «World's Largest Commercial Jet Purchase Orders by Number of Aircraft», Reuters, 20 de junio de 2023, <reuters.com/business/aerospace-defense/worlds-largest-commercial-jet-purchase-orders-by-number-aircraft-2023-06-20/>. Consultado a 14 de febrero de 2024.

Revelle, R., Suess H. E., «Carbon Dioxide Exchange Between Atmosphere and Ocean and the Question of an Increase of Atmospheric CO2 During the Past

Decades», *Tellus* 9, 1, febrero de 1957: 18-27, <on-linelibrary.wiley.com/doi/abs/10.1111/j.2153-3490.1957.tbo1849.x>. Consultado a 13 de febrero de 2024.

Shah, R., Woydt M., Aragon, N., «Where Are Lubricants Headed?», *Inform Magazine* (noviembre/diciembre), American Oil Chemists' Society [AOCS], 2020, <aocs.org/stay-informed/inform-magazine/featured-articles/where-are-lubricants-headed-november/december-2020?SSO=True>. Consultado a 13 de febrero de 2024.

Singer, M., Johnson, C., Rose, E., Nobler E., Hoopes, L., *Electric Vehicle Efficiency Ratios for Light-Duty Vehicles Registered in the United States*, NREL/TP-5400-84631, National Renewable Energy Laboratory, 2023, <nrel.gov/docs/fy23osti/84631.pdf>. Consultado a 2 abril de 2024.

Singh, R. K., Kitanaka, A., «India May Boost Coal Power Fleet 25% by 2030 Amid Rising Demand», BNN Bloomberg, 23 de septiembre de 2022, <bnnbloomberg.ca/india-may-boost-coal-power-fleet-25-by-2030-amid-rising-demand-1.1822621>. Consultado a 14 de febrero de 2024.

Smil, V. (2000), Perils of Long-Range Energy Forecasting: Reflections on Looking Far Ahead, *Technological Forecasting and Social Change* 65, 3: 251-264, <vaclavsmil.com/wp-content/uploads/docs/smil-article-2000-science2000.pdf>. Consultado a 14 de febrero de 2024.

Smil, V., *Power Density*, MIT Press, 2015.

Smil, V., *Energy Transitions: Global and National Perspectives*, Praeger, 2016a.

Smil, V., *Still the Iron Age: Iron and Steel in the Modern World*, Elsevier, 2016b.

Smil, V., *Energía y civilización. Una historia*, Arpa, 2021.

Smil, V., *Cómo funciona el mundo*, Debate, 2023.

Smil, V., «Decarbonization Is Our Costliest Challenge», *IEEE Spectrum* (octubre de 2022): 22-23, <vaclavsmil.com/wp-content/uploads/2023/11/94.HYDRO_.pdf>. Consultado a 14 de febrero de 2024.

Smil, V., *Materials and Dematerialization: Making the Modern World*, John Wiley and Sons, 2023a.

Smil, V., *Invention and Innovation: A Brief History of Hype and Failure*, MIT Press, 2023b.

Solomon, Abebe A., Child, M., Caldera, U., «How Much Energy Storage Is Needed to Incorporate Very Large Intermittent Renewables?», *Energy Procedia* 135: 283-293, 2017, <researchgate.net/publication/320698256_How_much_energy_storage_is_needed_to_incorporate_very_large_intermittent_renewables>. Consultado a 14 de febrero de 2024.

Sonter, L. J., Maron, M., Bull, J. W. *et al.*, «How to Fuel an Energy Transition with Ecologically Responsible Mining», *PNAS* 120, 35 (25 de agosto de 2023): 2307006120, <pnas.org/doi/10.1073/pnas.2307006120>. Consultado a 14 de febrero de 2024.

Sorensen, B., *Energy Intermittency*, CRC Press, 2015.

Tassava, C. J., «The American Economy during World War II», Economic History Association, 2008, <eh.net/encyclopedia/the-american-economy-

during-world-war-ii/>. Consultado a 14 de febrero de 2024.

The Smarter Europe, «En el sector fotovoltaico, la escasez de trabajadores cualificados como electricistas se estima en unas 60.000 a 100.000 personas», entrevista con Berthold Breid, CEO, RENAC (1 de septiembre de 2023), The Smarter Europe, <thesmartere.de/news/interview-berthold-breid-skills-shortage>. Consultado a 14 de febrero de 2024.

Tokyo Electric Power Company [TEPCO], *Integrated Report 2023*, TEPCO, 2023, <tepco.co.jp/en/hd/about/ir/library/integratedreport/index-e.html>. Consultado a 14 de febrero de 2024.

Tyndall, John, «The Bakerian Lecture», *Philosophical Transactions*, 151: 28, 1861.

United Nations, *Kyoto Protocol to the United Nations Framework Convention on Climate Change*, United Nations, 1998, <unfccc.int/resource/docs/convkp/kpeng.pdf>. Consultado a 13 de febrero de 2024.

United Nations Climate Change, Bodies: Conference of the Parties (COP), United Nations Climate Change, 2023, <unfccc.int/process/bodies/supreme-bodies/conference- of-the-parties-cop>. Consultado a 13 de febrero de 2024.

United Nations Framework Convention on Climate Change [UNFCCC], *Paris Agreement*, UNFCCC, 2015, <unfccc.int/files/meetings/paris_nov_2015/application/pdf/paris_ agreement_english_.pdf>. Consultado a 13 de febrero de 2024.

United States, Environmental Protection Agency [US EPA], «Household Energy and Clean Cookstove Research», EPA, 2023, <epa.gov/air-research/household-energy-and-clean-cookstove-research>. Consultado a 13 de febrero de 2024.

United States Energy Information Administration [EIA], «EIA Projects Global Conventional Vehicle Fleet Will Peak in 2038», *Today in Energy*, EIA, 26 de octubre de 2021, <eia.gov/todayinenergy/detail.php?id=50096>. Consultado a 14 de febrero de 2024.

United States Energy Information Administration [EIA], *Levelized Costs of New Generation Resources in the Annual Energy Outlook 2022*, Independent Statistics and Analysis, EIA, 2022, <eia.gov/outlooks/aeo/pdf/electricity_generation.pdf>. Consultado a 13 de febrero de 2024.

United States Energy Information Administration [EIA], Table 8.1: Average Operating Heat Rate for selected Energy Sources, 2012 through 2022, SAS Output, EIA, 2023a, <eia.gov/electricity/annual/html/epa_08_01.html>. Consultado a 2 abril de 2024.

United States Energy Information Administration [EIA], Table 6.07.B., Capacity Factors for Utility Scale Generators Primarily Using Non-Fossil Fuels, *Electric Power Monthly*, EIA, 2023b, <www.eia.gov/electricity/monthly/epm_table_grapher.php?t=table_6_07_b>. Consultado a 14 de febrero de 2024.

Venditti, B., Fortin, S., «The Road to Decarbonization: How Asphalt is Affecting the Planet», *Visual Capitalist*, 13 de mayo de 2023, <visualcapitalist.com/sp/

the-road-to-decarbonization-how-asphalt-is-affecting-the-planet/>. Consultado a 13 de febrero de 2024.

Banco Mundial, Gross Domestic Product 2022, Banco Mundial, 2023, <databankfiles.worldbank.org/public/ddpext_download/GDP.pdf>. Consultado a 14 de febrero de 2024.

Organización Meteorológica Mundial, «Past Eight Years Confirmed to be the Eight Warmest On Record. Press Release», Organización Meteorológica Mundial, 12 de enero de 2023, <wmo.int/news/media-centre/past-eight-years-confirmed-be-eight-warmest-record>. Consultado a 13 de febrero de 2024.

World Steel Association, *World Steel in Figures 2023*, World Steel Association, 2023, <worldsteel.org/steel-topics/statistics/world-steel-in-figures-2023/>. Consultado a 14 de febrero de 2024.

En esta monumental historia, Vaclav Smil ofrece una impresionante panorámica de cómo la energía ha impulsado el progreso cultural y económico de las sociedades humanas durante los últimos diez mil años.

Energía y civilización es la gran obra maestra de Vaclav Smil, «el mayor experto mundial en el ámbito de la energía» según la revista Science. Una lectura fascinante en la que se habla de todo: agricultura, transporte, construcción, economía, ecología, guerra, tipos de carbón, petróleo, electricidad, hornos, motores, pirámides y mucho más.

«Una obra necesaria para tener perspectiva de cara a la transición energética que viene». Miguel Ángel Medina, *El País*

Contra la sostenibilidad
Andreu Escrivà

Por qué el desarrollo
sostenible no salvará el mundo
(y qué hacer al respecto)

arpa

Una explicación brillante, sintética y accesible de los límites del paradigma de la sostenibilidad (y qué puede hacerse al respecto).

¿Qué es la sostenibilidad? Haz la prueba: búscalo en Google. Verás un montón de fotos de stock, recreaciones de la Tierra dibujada entre flechas que simbolizan el reciclaje, montajes con unas manos que la sostienen con extremo cuidado, bombillas cubiertas de césped... Estamos inmersos en una gran confusión que nos induce a pensar que si algo es sostenible significa que «cuida del planeta». Pero no es así.

«Ninguna energía salvará el mundo pero (la lectura de) este libro sí es un combustible para ello». Pablo Rodríguez Ros, ambientólogo y doctor en Ciencias del Mar

Otro fin del mundo es posible

Servigne, Stevens y Chapelle

De la colapsología a la colapsosofía: cómo vivir el colapso de la civilización termoindustrial de forma inteligente

arpa

¿Es posible recuperarse de un diluvio de noticias catastrofistas? ¿De qué manera podemos pasar del derrotismo a la esperanza? ¿Cómo podemos gestionar el colapso con inteligencia en el plano material, político, psicológico e incluso espiritual?

Tras el éxito de su anterior obra, *Colapsología*, los autores muestran en el presente libro que un cambio de rumbo requiere necesariamente un viaje interior y un replanteamiento drástico de nuestra visión del mundo. Dos requisitos que nos permitirían permanecer en pie durante la tormenta que se avecina, desarrollar una nueva conciencia de nosotros mismos y de nuestro entorno, e imaginar nuevas formas de vivir en él. Quizás entonces sea posible regenerar la vida desde las ruinas, partiendo de la colapsología y encaminados hacia la colapsosofía.

«Una lectura obligada». *Le Monde*